ZEITSCHRIFT FÜR ANGEWANDTE MATHEMATIK UND MECHANIK

INGENIEURWISSENSCHAFTLICHE FORSCHUNGSARBEITEN

HERAUSGEGEBEN VON H. HEINRICH, DRESDEN

BAND 52 1972 HEFT 7

AUS DEM INHALT

H A U P T A U F S Ä T Z E

K L E I N E M I T T E I L U N G E N

B U C H B E S P R E C H U N G E N

E I N G E G A N G E N E B Ü C H E R

A K A D E M I E - V E R L A G G M B H · B E R L I N

ZAMM Bd. 52 Nr. 7 S. 321—380 Berlin, Juli 1972

INHALT:

Wir bitten, alle Manuskriptsendungen und andere Zuschriften an folgende Anschrift zu richten: Zeitschrift für Angewandte Mathematik und Mechanik, z. Hd. Prof. Dr.-Ing. H. Heinrich, 8027 Dresden, Friedrich-Hegel-Str. 31. Zu den Arbeiten, die als Hauptaufsätze bestimmt sind, erbitten wir auf gesondertem Blatt eine kurze Zusammenfassung des Inhalts, nach Möglichkeit in deutscher, englischer und russischer Sprache; falls die Übersetzungen nicht geliefert werden können, ist wenigstens die Angabe spezieller Fachausdrücke in den verschiedenen Sprachen erwünscht. Ausführliche Hinweise für die Autoren, um deren strikte Berücksichtigung gebeten wird, finden sich am Anschluß an das Inhaltsverzeichnis des Jahrganges 51 (1971).

Die Autoren erhalten von den Hauptaufsätzen 75, von den Kleinen Mitteilungen 25 Sonderdrucke ohne Berechnung, darüber hinaus bis zu 250 Sonderdrucke gegen Berechnung.

ZAMM 52, 321 – 327 (1972)

Convective Instability in a Rotating Viscoelastic Fluid Layer

By P. K. BHATIA and J. M. STEINER

Es wird die Überstabilität in einer viskoelastischen Flüssigkeitsschicht, die von unten erhitzt wird, bei Vorhandensein von Coriolis-Kräften untersucht. Für eine Maxwellsche Flüssigkeit werden die Eigenlösungen a) bei zwei freien, b) bei zwei starren Rändern gewonnen. Wie sich herausstellt, hat Rotation auf den Überstabilitätsmodus der Konvektion in einer viskoelastischen Flüssigkeitsschicht einen destabilisierenden Einfluß. Dieses Ergebnis ist dem stabilisierenden Einfluß einer Rotation im Falle einer gewöhnlichen viskosen Flüssigkeit gegenüberzustellen.

Overstability in a viscoelastic fluid layer heated from below is considered in the presence of Coriolis forces. For a Maxwellian fluid eigensolutions have been obtained for two cases: (a) two free boundaries, (b) two rigid boundaries. It is found that rotation has a destabilizing influence on the overstable mode of convection in a viscoelastic fluid layer. This result should be contrasted with the stabilizing influence of rotation in the case of an ordinary viscous fluid.

Исследуется сверхстабильность в слое вязкоупругой жидкости, подогреваемой снизу, при наличии сил Кориолиса. Для жидкости Максвэлла получены собственные решения а) для двух свободных и б) для двух жестких краев. Оказывается, что в слое вязкоупругой жидкости вращение имеет антистабилизирующее влияние на сверхстабильный режим конвекции. Этот результат следует противопоставить стабилизирующему влиянию вращения для случая обычной вязкоупругой жидкости.

Introduction

Since the pioneer work of Lord RAYLEIGH [1] several authors have investigated the problem of onset of convection in an infinite horizontal viscous fluid layer heated from below. A comprehensive account of these investigations, both in hydrodynamics and hydromagnetics, has been given in the monograph by CHANDRASEKHAR [2].

VEST and ARPACI [3] have investigated the stability of a horizontal layer of a *viscoelastic* fluid heated from below. They have obtained the conditions under which the thermally induced overstability occurs in a MAXWELLian fluid. They found that elasticity has a destabilizing influence both in the sense that oscillatory convection can occur at a lower critical RAYLEIGH number (defined below) R_c than does stationary convection, and that R_c for overstability decreases with the increase in elasticity.

Since rotation lends an elastic-like behaviour to the fluid it would, therefore, be of interest to include the effect of rotation on the stability of a viscoelastic fluid layer heated from below. This aspect forms the subject matter of this paper. Eigensolutions have been obtained for two free boundaries by an exact method and for two rigid boundaries by a variational method. The physical significance of the variational principle has also been obtained.

Formulation of the Problem

Consider an infinite horizontal layer of a viscoelastic fluid rotating uniformly about a vertical axis with angular velocity Ω. Suppose that the fluid is being heated uniformly from below. Assuming that the viscoelastic nature of the fluid is described by the MAXWELL constitutive relation, as in [3],

$$p_{ij} + t_0 \frac{d}{dt} p_{ij} = \mu \left(\frac{\partial v_i}{\partial x_j} + \frac{\partial v_j}{\partial x_i} \right), \tag{1}$$

taking the curl of the equations of motion once and twice, using the BOUSSINESQ approximation and employing the normal mode analysis, we finally obtain the linearized perturbation equations, following [2],

$$(D^2 - a^2 - P\sigma)\,\theta = -\left(\frac{\beta d^2}{\varkappa}\right) W, \tag{2}$$

$$(1 + \Gamma\sigma)\left[\sigma Z - \left(\frac{2\,\Omega\,d}{\nu}\right) DW\right] = (D^2 - a^2)\,Z, \tag{3}$$

$$(D^2 - a^2)\,[D^2 - a^2 - \sigma(1 + \Gamma\sigma)]\,W - \left(\frac{2\,\Omega\,d^3}{\nu}\right)(1 + \Gamma\sigma)\,DZ = (1 + \Gamma\sigma)\,a^2 \left(\frac{g\alpha d^2}{\nu}\right)\theta\,. \tag{4}$$

In these equations p_{ij} is viscous stress tensor, t_0 is MAXWELL relaxation time, μ is coefficient of viscosity, β is adverse temperature gradient, d is thickness of fluid layer, $\varkappa$ is coefficient of thermometric conductivity, ν is kinematic viscosity, g is gravitational acceleration, α is coefficient of volume expansion, $v_i(u, v, w)$ is velocity vector, ζ is z-component of vorticity vector and θ is the perturbation in temperature. The time and space dependence of the various perturbation quantities is assumed to be of the form

$$(w, \theta, \zeta) = [W(z), \theta(z), Z(z)] \exp\,[i\,(k_x x + k_y y) + n\,t]\,, \tag{5}$$

where $k = \sqrt{k_x^2 + k_y^2}$ is the wave number and n, where n may be complex, is the frequency of the perturbation. Also the following transformations have been made to non-dimensionalize the equations:

$$a = k\,d\,,\qquad \sigma = \frac{n\,d^2}{\nu}\,,\qquad P = \frac{\nu}{\varkappa}\,,\qquad \Gamma = \frac{t_0\,\nu}{d^2}\,,\qquad \nu = \frac{\mu}{\varrho}\,. \tag{6}$$

Here P is the PRANDTL number, ϱ is density, Γ is the elastic parameter, D is the operator d/dz, where z is now measured in terms of d.

Clearly as $\Gamma \to 0$ we recover the equations governing the classical BÉNARD problem in the presence of CORIOLIS forces.

Equations (2)—(4) must be solved subject to the appropriate boundary conditions. Depending on whether the bounding surface is free or rigid, the different boundary conditions are [2]:

$$\begin{aligned} &W = 0\,,\quad \text{and}\quad \theta = 0 \text{ (on both a rigid and a free boundary)}\\ &\text{and}\\ &\textit{either}\quad Z = 0\,,\ \text{and } DW = 0 \text{ (on a rigid boundary)}\,,\\ &\textit{or}\quad DZ = 0\,,\ \text{and } D^2W = 0 \text{ (on a free boundary)} \end{aligned} \tag{7}$$

Solutions for two Free Boundaries

The boundary conditions, appropriate to two free boundaries, suggest that the proper solutions for W belonging to the lowest mode must be

$$W = A \sin \pi z \tag{8}$$

where A is a constant. Eliminating Z and θ between equations (2)—(4) we obtain an equation in W. Substituting the solution (8) for W in this equation and making the transformations

$$\Gamma = \frac{\Gamma_1}{\pi^2}\,,\qquad x = \frac{a^2}{\pi^2}\,,\qquad i\,\sigma_1 = \frac{\sigma}{\pi^2}\,,\qquad R_1 = \frac{R}{\pi^4}\,,\qquad T_1 = \frac{T}{\pi^4}$$

with

$$R = \frac{g\,\alpha\,\beta\,d^4}{\varkappa\,\nu}\,,\qquad T = \frac{4\,\Omega^2}{\nu^2}\,d^4\,, \tag{9}$$

we obtain the characteristic equation

$$R_1 = \frac{1 + x + i\,P\,\sigma_1}{x\,(1 + i\,\Gamma_1\,\sigma_1)}\left[(1 + x)\,\{1 + x + i\,\sigma_1\,(1 + i\,\Gamma_1\,\sigma_1)\} + \frac{T_1\,(1 + i\,\Gamma_1\,\sigma_1)^2}{1 + x + i\,\sigma_1\,(1 + i\,\Gamma_1\,\sigma_1)}\right]. \tag{10}$$

In (9) R is the RAYLEIGH number and T is the TAYLOR number. It is clear from equation (10) that for an arbitrary σ_1, R_1 will be complex. But, from physical considerations, R_1 (RAYLEIGH number) must be real. Therefore the condition that R_1 be real implies a relation between the real and imaginary parts of σ_1. But as we are interested in specifying the critical RAYLEIGH number for the onset of instability via a state of purely oscillatory motion, we shall suppose that σ_1 is real in the above equations and try to obtain the conditions for such solutions to exist.

Assuming, then, that σ_1 is real equation (10) can be separated into real and imaginary parts, both of which must vanish separately. This leads to the following pair of equations:

$$R_1 = \frac{1 + x}{x}\left[\frac{(1 + x)^2 - P\,\sigma_1^2 + P\,\sigma_1^2\,\Gamma_1\,(1 + x - \sigma_1^2\,\Gamma_1)}{1 + \sigma_1^2\,\Gamma_1^2} + \right.$$
$$\left. + \frac{T_1}{(1 + x)}\,\frac{(1 + x)^2 + P\,\sigma_1^2 - P\,\sigma_1^2\,\Gamma_1\,(1 + x - \Gamma_1\,\sigma_1^2)}{(1 + x - \sigma_1^2\,\Gamma_1)^2 + \sigma_1^2}\right] \tag{11}$$

and

$$\frac{(1 + x)\,[1 + P - \Gamma_1\,(1 + x - \sigma_1^2\,\Gamma_1)]}{1 + \sigma_1^2\,\Gamma_1^2} = \frac{T_1\,[1 - P - \Gamma_1\,(1 + x - \sigma_1^2\,\Gamma_1)]}{(1 + x - \sigma_1^2\,\Gamma_1)^2 + \sigma_1^2}\,. \tag{12}$$

Equations (11) and (12) must be satisfied simultaneously if overstability is to occur for a wave number which corresponds to x and for a TAYLOR number which corresponds to T_1. We thus have a pair of equations involving R_1, x, Γ_1 and the parameters P, T_1 and Γ_1. As these equations are quite complex, we have solved them numerically for $P = 1$ and $P = 10$, taking three values of Γ_1 in each case. The variation of T has been taken from 10^3 to 10^9 in all these cases.

The following procedure was adopted for numerical calculations. Choosing fixed values of PRANDTL number P, elastic parameter Γ_1 and TAYLOR number T_1 in equation (12) calculations were performed for x against σ_1^2. Equation (12), being a cubic in σ_1^2, gives three values of σ_1^2 for each x. As σ_1 is assumed to be real, negative or complex values of σ_1^2 were rejected. For the same values of the parameters P, Γ_1 and T_1 equation (11) was then solved for R_1 against x, using the values of σ_1^2 as obtained from equation (12). Numerical search

Table I. Critical RAYLEIGH numbers, wave numbers and frequencies for the onset of overstability for the case $P = 1$. The corresponding values for stationary convection are also included for comparison. The dash (–) indicates that stationary convection is the prefered mode

	$\Gamma = 0.01$			$\Gamma = 0.1$			$\Gamma = 0.5$			Stationary convection ($\sigma = 0$)	
T	a_c	σ_c	R_c	a_c	σ_c	R_c	a_c	σ_c	R_c	a_c	R_c
10^3	–	–	–	3.0802	2.518×10^1	6.881×10^2	3.0400	2.413×10^1	2.693×10^1	3.710	1.676×10^3
10^4	–	–	–	4.3819	6.127×10^1	3.718×10^2	4.2921	5.994×10^1	1.502×10^1	5.698	5.377×10^3
10^5	–	–	–	6.0773	1.477×10^2	2.789×10^2	6.0366	1.466×10^2	1.118×10^1	8.626	2.131×10^4
10^6	8.1749	3.514×10^2	2.417×10^4	8.3359	3.546×10^2	2.398×10^2	8.3159	3.538×10^2	9.598×10^0	12.86	9.222×10^4
10^7	11.327	8.495×10^2	2.211×10^4	11.310	8.478×10^2	2.211×10^2	11.300	8.474×10^2	8.845×10^0	19.02	4.147×10^5
10^8	15.265	2.023×10^3	2.115×10^4	15.229	2.021×10^3	2.115×10^2	15.265	2.016×10^3	8.460×10^0	28.02	1.897×10^6
10^9	20.465	4.805×10^3	2.063×10^4	20.429	4.807×10^3	2.063×10^2	19.125	5.126×10^3	8.260×10^0	41.20	8.746×10^6

Table II. Critical RAYLEIGH numbers, wave numbers and frequencies for the onset of overstability for the case $P = 10$. The dash (–) indicates that stationary convection is the prefered mode

	$\Gamma = 0.1$			$\Gamma = 0.5$			$\Gamma = 1$		
T	a_c	σ_c	R_c	a_c	σ_c	R_c	a_c	σ_c	R_c
10^3	–	–	–	5.7380	1.750×10^1	1.323×10^3	6.3754	1.642×10^1	2.840×10^2
10^4	–	–	–	8.4249	3.810×10^1	9.799×10^2	8.4697	3.672×10^1	2.405×10^2
10^5	–	–	–	11.371	8.695×10^1	8.875×10^2	11.369	8.537×10^1	2.212×10^2
10^6	14.403	2.184×10^2	2.159×10^4	15.269	2.037×10^2	8.465×10^2	15.261	2.028×10^2	2.115×10^2
10^7	20.136	4.939×10^2	2.071×10^4	20.435	4.822×10^2	8.255×10^2	20.436	4.813×10^2	2.063×10^2
10^8	27.232	1.152×10^3	2.037×10^4	27.387	1.141×10^3	8.141×10^2	27.343	1.142×10^3	2.035×10^2
10^9	36.502	2.716×10^3	2.020×10^4	36.305	2.727×10^3	8.079×10^2	35.819	2.763×10^3	2.020×10^2

was then conducted to locate the minimum of R_1 against x to get the critical value of the Rayleigh number. Repeating the calculations for different values of P, Γ_1 and T_1 we finally arrived at the Tables I and II in which we have given the critical values of Rayleigh numbers, wave numbers and frequencies for the onset of convection as overstability (Fig. 1 and 2).

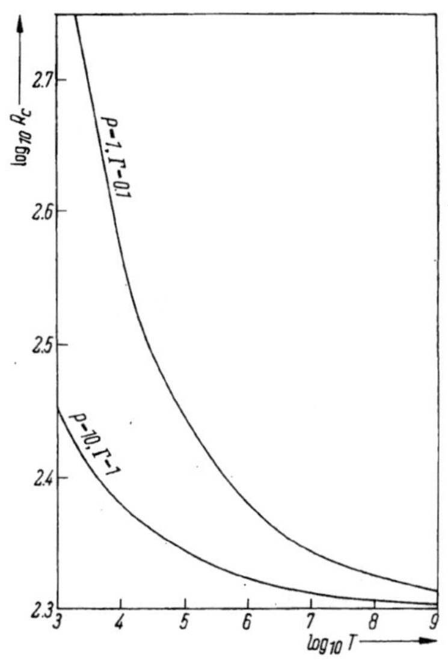

Fig. 1. Variation of critical Rayleigh number (R_c) for the onset of overstability with Taylor number (T) when both bounding surfaces are free

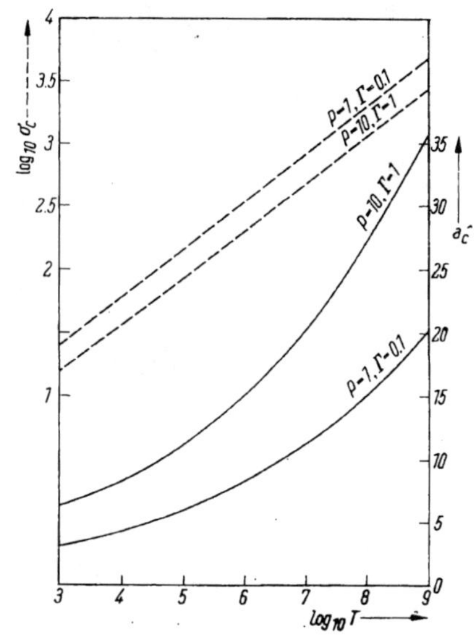

Fig. 2. Plot of critical frequency (σ_c) (broken line) and critical wave number (a_c) (continuous line) against Taylor number (T) when both bounding surfaces are free

Alternative Method of Solution

We now briefly outline an alternative method which was employed as a check of the tabulated results. The characteristic equation resulting on making the substitution (8) can be written in the form

$$\sigma^5 + A_1\sigma^4 + A_2\sigma^3 + A_3\sigma^2 + A_4\sigma + A_5 = 0\,,$$

where

$$A_1 = \frac{b^2\Gamma^2 + 2\,b\,P\,\Gamma}{b\,P\,\Gamma^2}\,,$$

$$A_2 = \frac{2\,b^2\,\Gamma\,(1+P) + b\,P + \pi^2\,P\,\Gamma^2\,T - R\,a^2\,\Gamma^2}{b\,P\,\Gamma^2}\,,$$

$$A_3 = \frac{2\,b^3\,\Gamma + b^2\,(1+2\,P) + b\,\pi^2\,\Gamma^2\,T + 2\,\pi^2\,P\,T\,\Gamma - 2\,R\,a^2\,\Gamma}{b\,P\,\Gamma^2}\,,$$

$$A_4 = \frac{b^3\,(2+P) + 2\,b\,\pi^2\,\Gamma\,T + P\,\pi^2\,T - R\,a^2\,(b\,\Gamma+1)}{b\,P\,\Gamma^2}\,,$$

$$A_5 = \frac{b^4 + b\,\pi^2\,T - R\,a^2\,b}{b\,P\,\Gamma^2}\,, \qquad b = \pi^2 + a^2\,.$$

From the theory of algebraic equations (Orlando's formula) we know that a neutral oscillatory mode ($\sigma = i\,\sigma_1$) occurs if

$$(A_1A_4 - A_5)^2 - (A_1A_2 - A_3)(A_3A_4 - A_2A_5) = 0$$

and

$$\frac{A_1A_4 - A_5}{A_1A_2 - A_3} (= \sigma_1^2) > 0\,.$$

Numerical calculations were performed for the values of R (hence σ_1^2) satisfying the above conditions for various values of a (for fixed P, Γ and T), and the minimum of the R versus a curve is the point (a_c, R_c). The results obtained in this way duplicate the tabulated results revealing the correctness of both methods. Note that for stationary convection $\sigma = 0$, hence $A_5 = 0$, giving

$$R = \frac{1}{a^2}\,[(\pi^2 + a^2)^3 + \pi^2\,T)]\,,$$

which is (as expected) identical to the expression for an ordinary viscous fluid (equation (128), p. 95, Chandrasekhar [2]).

Solutions for Two Rigid Boundaries

Denoting the left hand side of equation (4) by F we can eliminate Θ between (2) and (4) to obtain

$$(D^2 - a^2 - P\,\sigma)\,F = -(1 + \Gamma\,\sigma)\,R\,a^2\,W\,. \tag{13}$$

Multiplying equation (13) by F and integrating over the range of z (i.e. from 0 to 1) we finally obtain, after performing integration by parts once or repeatedly and using the boundary conditions (7),

$$R = \frac{\int_0^1 \{(DF)^2 + (a^2 + P\,\sigma)\,F^2\}\,dz}{a^2(1+\Gamma\sigma)\left[\int_0^1 \{(D^2-a^2)\,W\}^2 dz + \sigma(1+\Gamma\sigma)\int_0^1 \{(DW)^2 + a^2 W^2 + d^2 Z^2\}\,dz + d^2\int_0^1 \{(DZ)^2 + a^2 Z^2\}\,dz\right]}. \tag{14}$$

Considering now the effect on R of variations δW and δZ in W and Z compatible with the boundary conditions retaining only the linear terms we obtain, after integrating by parts once or repeatedly and using the corresponding boundary conditions on δW, δZ and δF,

$$\delta R = -\frac{2}{a^2(1+\Gamma\sigma)\,I_2}\int_0^1 \delta F\,\{(D^2 - a^2 - P\,\sigma)\,F + R\,a^2(1+\Gamma\,\sigma)\,W\}\,dz\,, \tag{15}$$

where I_2 denotes the integral in the denominator in (14).

The condition that δR vanishes is that the quantity within the curly brackets (15) must vanish. This condition is precisely the equation (8). Hence equation (15) provides the basis for a variational procedure for solving the problem.

Next we apply the variational method to obtain the solutions for two rigid boundaries, appropriate to which the solution for F is

$$F = \cos \pi z\,, \tag{16}$$

where the origin of z has now been displaced so that its limits are $\pm 1/2$. Proceeding as in CHANDRASEKHAR [2] we finally obtain, to the first approximation,

$$R = \frac{1}{a^2(1 + i\,\Gamma\,\sigma)}\,\frac{\pi^2 + a^2 + i\,P\,\sigma}{c_1\gamma_1 + 2\,(0/0)}\,, \tag{17}$$

where, in the present case,

$$c_1 = \pi^2 + a^2 + i\,\sigma - \Gamma\,\sigma^2\,, \tag{18}$$

$$\frac{1}{\gamma_1} = c_1^2\,(\pi^2 + a^2) + T\,(1 + i\,\Gamma\,\sigma)^2\,\pi^2\,, \tag{19}$$

and x_j ($j = 1, 2, 3$) occuring in (0/0) (given by equation (272), p. 127, CHANDRASEKHAR [2]), is given by

$$x_j = q_j^2 - a^2 - i\,\sigma + \Gamma\,\sigma^2\,, \tag{20}$$

with q_j^2 determined by the equation

$$(q^2 - a^2 + \Gamma\,\sigma^2 - i\,\sigma)^2\,(q^2 - a^2) + T\,q^2\,(1 + i\,\Gamma\,\sigma)^2 = 0\,. \tag{21}$$

Numerical calculations have been performed to determine the characteristic values R_c, a_c and σ_c for a few values of T for $P = 1.0$, $\Gamma = 0.1$. For assigned T, P, Γ, a and σ equation (17) was evaluated numerically. Since in general this results in a complex value of R and R must be real to be physically meaningful, a numerical search was conducted to find the values of σ for which the imaginary part of R vanishes and the values of σ giving the lowest positive real value of R was considered. The neutral curve was traced by repeating the procedure for several values of a near the critical region by forcing σ to converge with high accuracy to the value for which the imaginary part of R vanishes. The minimum of the curve is the point (a_c, R_c). As the calculations are quite tedious and numerical search is lengthy, we have obtained R_c for a few values of T only, in order to get an insight into the tendencies of the considered behaviour of CORIOLIS forces. These values of critical RAYLEIGH numbers, wave numbers and frequencies are presented below in Table III.

Table III. The values of critical RAYLEIGH numbers (R_c), wave numbers (a_c) and frequencies σ_c for $P = 1.0$, $\Gamma = 0.1$

TAYLOR number T	a_c	σ_c	R_c
5,000	4.7258	45.802	1738.9
7,500	4.4266	56.223	1609.5
10,000	5.7887	56.376	1555.9
15,000	5.8583	66.196	1515.1

Physical Significance of the Variational Principle

It has been shown by CHANDRASEKHAR [2] that in the presence of rotation the variational principle for the onset of instability as overstability is equivalent to the thermodynamic relation

$$\frac{\partial}{\partial t}\,(\text{Kinetic energy}) + \varepsilon_\nu = \varepsilon_g\,, \tag{22}$$

where ε_ν denotes the rate of dissipation of energy by the viscous stresses and ε_g the rate of liberation of energy by the buoyancy forces. We may make the same statement regarding the present problem. To prove this we first consider the term ε_ν in (22),

$$\varepsilon_\nu = -\varrho\,\nu \int_0^d \left\langle v_i \frac{\partial}{\partial x_j} p_{ji} \right\rangle dz\,, \tag{23}$$

where the angular brackets indicate averaging over the horizontal plane. The expression for ε_ν, after using the linearized form for p_{ij} from (1) under the BOUSSINESQ approximation, becomes

$$\varepsilon_\nu = -\frac{\varrho\,\nu}{(1+\Gamma\sigma)\,d^2} \int_0^1 \{\langle w\,(D^2-a^2)\,w\rangle + \langle u\,(D^2-a^2)\,u\rangle + \langle v\,(D^2-a^2)\,v\rangle\}\,dz\,. \tag{24}$$

In terms of the solutions for w and ζ let us suppose that a simple cellular motion is represented by

$$\begin{aligned} w &= W(z)\cos a_x x \cos a_y y\,,\\ \zeta &= Z(z)\cos a_x x \cos a_y y\,,\\ u &= -\frac{1}{a^2}\,[a_x DW \sin a_x x \cos a_y y + a_y dZ \cos a_x x \sin a_y y]\,,\\ v &= -\frac{1}{a^2}\,[a_y DW \cos a_x x \sin a_y y - a_x dZ \sin a_x x \cos a_y y]\,. \end{aligned} \tag{25}$$

Carrying out explicitly the averaging process by using (25), integrating by parts and using the boundary conditions (7), we get

$$\varepsilon_\nu = \frac{\varrho\,\nu}{4\,(1+\Gamma\sigma)\,a^2 d^2} \int_0^1 \{[(D^2-a^2)\,W]^2 + d^2\,[(DZ)^2 + a^2 Z^2]\}\,dz\,. \tag{26}$$

Evaluating the other two terms of (22) in the same manner we obtain

$$\frac{\partial}{\partial t}\,(\text{Kinetic Energy}) = \frac{\sigma\,\varrho\,\nu}{4\,a^4 d^2} \int_0^1 [a^2 W^2 + a^2 (DW)^2 + a^2 d^2 Z^2]\,dz\,, \tag{27}$$

and

$$\varepsilon_g = \frac{\varrho\,\varkappa\,\nu^2}{4\,g\,\alpha\,\beta\,a^4 d^6\,(1+\Gamma\sigma)^2} \int_0^1 [(DF)^2 + (a^2 + P\sigma)\,F^2]\,dz\,, \tag{28}$$

where in evaluating ε_g use has been made of equations (2), (4) and boundary conditions (7).

Substituting (26)—(28) in (22) we obtain precisely the same expression for R as given by (14), whose minimum was taken to represent the critical state of marginal stability. In the case of overstable motion which is of interest here $\sigma = i\,\sigma_1$ and we may state the following principle: *overstability in a rotating viscoelastic fluid layer heated from below will occur at the lowest possible adverse temperature gradient at which the rate of change of kinetic energy can balance, in a synchronous manner, the periodically varying rates of energy dissipation by the shear stresses and the energy release by the buoyancy force, assuming that stationary convection has not occured.*

Concluding Remarks

It is clearly seen from Tables I and II that as Γ increases the critical RAYLEIGH number R_c decreases. This means that elasticity has a destabilizing influence. This result is in agreement with that of VEST and ARPACI [3].

Also we see from Tables I and II that for a particular value of Γ the critical RAYLEIGH number R_c decreases as the CORIOLIS parameter increases The same result is obtained for different values of Γ considered, for both $P = 1$ and $P = 10$. The effect of rotation is, therefore, destabilizing in the case of two free boundaries. For two rigid boundaries we see form Table III that R_c decreases as T increases, showing thereby the destabilizing influence of rotation in this case also.

Thus we may conclude that, for both the cases of two free and two rigid boundaries, rotation has a destabilizing influence on the overstable mode of convection in a viscoelastic fluid layer. *This result is in contrast to that of an ordinary viscous fluid, where rotation has a stabilizing influence* [2]. This could be due to the fact that rotation lends an elastic-like behaviour to the fluid enabling it thereby to sustain appropriate modes of wave propagation. In the presence of the effect of elasticity it seems that rotation supplements the influence of elasticity on the oscillatory convection problem leading thereby to destabilizing influence.

Acknowledgements

Most of the present work was done while the first author held a visiting appointment at Monash University from August 1969 to November 1970, which is gratefully acknowledged. The second author held a Commonwealth Postgraduate Award, which is also gratefully acknowledged. The computations were performed on the CDC 3200 computer of Monash University Computer Centre. We are thankful to Professor R. VAN DER BORGHT for several useful discussions and to Mrs. JANE WINBERG for typing the manuscript.

References

1 RAYLEIGH, Lord, Phil. Mag. **32**, p. 529, (1916).
2 CHANDRASEKHAR, S., Hydrodynamic and Hydromagnetic Stability, Clarendon Press **1961**; Oxford.
3 VEST, C. M. and ARPACI, V. S., J. Fluid Mech. **36**, p. 613 (1969).

Eingereicht am 5. 2. 1971 (revidierte Fassung: 13. 8. 1971)

Anschrift: P. K. BHATIA, Department of Mathematics, University of Jodhpur, Jodhpur, India
J. M. STEINER: Department of Mathematics, Monash University, Clayton, Victoria, Australia

ZAMM 52, 329 – 336 (1972)

Eine Erweiterung des Verfahrens der Zwischenschritte auf allgemeinere parabolische und elliptische Differentialgleichungen

Von H. J. Wirz

Zur angenäherten numerischen Berechnung der Lösung von allgemeineren parabolischen Anfangsrandwertaufgaben werden implizite zweischichtige Differenzenschemata einfacher und höherer Annäherung (Mehrstellenformeln) in Erweiterung der Methode der Zwischenschritte vorgestellt.

Implicite finite two-layer difference schemes of lower, and of higher order of accuracy (Mehrstellenformula) for solving more general parabolic boundary value problems are presented extending the method of fractional steps.

Для приближённого численного определения решения обобщённых параболических задач на начальные краевые значения предлагаются в итоге расширения метода дробных шагов неявные двухярусные схемы конечных разностей простого и высшего приближения (многоместные формулы).

1. Einleitung

Zur angenäherten numerischen Berechnung der Lösung $u(x, y, t)$ einer Anfangsrandwertaufgabe 1. Art mit der parabolischen Differentialgleichung

$$\frac{\partial u}{\partial t} - \frac{\partial^2 u}{\partial x^2} - \frac{\partial^2 u}{\partial y^2} = 0 \quad \text{in} \quad B := \{x, y \,|0 \leqq x, y \leqq 1\} \; 0 \leqq t\,, \tag{1}$$

haben Peaceman/Rachford [2] 1955 das Verfahren der alternierenden Richtungen vorgeschlagen:

$$\left\{-\frac{s}{2}\,\delta_y^2 + 1\right\}\left\{-\frac{s}{2}\,\delta_x^2 + 1\right\} u_{i,j}^{k+1} = \left\{\frac{s}{2}\,\delta_y^2 + 1\right\}\left\{\frac{s}{2}\,\delta_x^2 + 1\right\} u_{i,j}^k \tag{2}$$

mit $i, j = 1, 2, \ldots, N-1$; $k = 0, 1, 2, \ldots$ und den folgenden Bezeichnungen:

a) Maschenweiten: $h := 1/N$; $N > 1$ natürliche Zahl; Schrittweite in Zeitrichtung Δt; Schrittparameter $s := \Delta t/h^2$.

b) Gitterpunkte: $x_i := i\,h$; $\quad y_j := j\,h$; $\quad i, j = 0, 1, 2, \ldots, N$.
$\quad t_k := k\,\Delta t$; $\quad k = 0, 1, 2, \ldots$

c) Näherungswerte und Operatoren: $u_{i,j}^k \approx u(x_i, y_j, t_k)$;

$$\delta_x^2\, u_{i,j}^k := u_{i-1,j}^k - 2\,u_{i,j}^k + u_{i+1,j}^k; \qquad \delta_y^2\, u_{i,j}^k := u_{i,j-1}^k - 2\,u_{i,j}^k + u_{i,j+1}^k\,.$$

Ein Vergleich mit der Randwertaufgabe 1. Art der elliptischen Differentialgleichung für $u(x, y)$:

$$-\frac{\partial^2 u}{\partial x^2} - \frac{\partial^2 u}{\partial y^2} = 0 \quad \text{in} \quad B = \{x, y\,|0 \leqq x, y \leqq 1\}$$

führt unter der Annahme $\lim\limits_{t\to\infty} u(x, y, t) = u(x, y)$ dazu, die Gleichung (1) als ein Iterationsverfahren zur Lösung des Gleichungssystems

$$-\{\delta_x^2 + \delta_y^2\}\, u_{i,j} = 0; \qquad (i, j = 1, 2, \ldots, N-1) \tag{3}$$

aufzufassen. Wie man zeigt, konvergiert dieses Iterationsverfahren für $s > 0$. Die Frage nach der Wahl optimaler Schrittparameter hat Wachspress [3] 1962 beantwortet.

Von Mitchell/Fairweather [5] ist 1964 das Iterationsverfahren der alternierenden Richtungen auf finite Gleichungen höherer Approximation für die Differentialgleichung $-\Delta u = 0$ übertragen worden:

$$\left\{\frac{1-6\,s}{12}\,\delta_x^2 + 1\right\}\left\{\frac{1-6\,s}{12}\,\delta_y^2 + 1\right\} u_{i,j}^{(k+1)} = \left\{\frac{1+6\,s}{12}\,\delta_x^2 + 1\right\}\left\{\frac{1+6\,s}{12}\,\delta_y^2 + 1\right\} u_{i,j}^{(k)}\,. \tag{4}$$

Albrecht [8] verallgemeinert 1965 diese Differenzenschemata auf Anfangsrandwertaufgaben und auf Randwertaufgaben mit nichtlinearen Differentialgleichungen: $u_t - \Delta u = r(x, y, u)$ und $-\Delta u = r(x, y, u)$ in B. Diese Formeln lauten:

$$\left\{-\frac{s}{2}\,\delta_x^2 + 1\right\}\left\{-\frac{s}{2}\,\delta_y^2 + 1\right\} D\, u_{i,j}^{k+1} = \left\{\frac{s}{2}\,\delta_x^2 + 1\right\}\left\{\frac{s}{2}\,\delta_y^2 + 1\right\} S\, u_{i,j}^k\,. \tag{5}$$

mit $i, j = 1, 2, \ldots, N-1$ und

$$D\,u_{i,j}^{k+1} := u_{i,j}^{k+1} - \frac{1}{2}\,s\,h^2\,r\left(x_i, y_j, u_{i,j}^{k+1}\right), \qquad S\,u_{i,j}^{k} := u_{i,j}^{k} + \frac{1}{2}\,s\,h^2\,r(x_i, y_j, u_{i,j}^{k}). \tag{6}$$

Der Fall höherer Approximation wird von ALBRECHT für die Differentialgleichung $-\Delta u = r(x, y)$ in B unter der zusätzlichen Voraussetzung $\dfrac{\partial^4 r(x, y)}{\partial x^2\,\partial y^2} \equiv 0$ in B angegeben:

$$\left\{\frac{1-6s}{12}\,\delta_x^2 + 1\right\}\left\{\frac{1-6s}{12}\,\delta_y^2 + 1\right\} D\,u_{i,j}^{(k+1)} = \left\{\frac{1+6s}{12}\,\delta_x^2 + 1\right\}\left\{\frac{1+6s}{12}\,\delta_y^2 + 1\right\} S\,u_{i,j}^{(k)}. \tag{7}$$

In den Arbeiten von DOUGLAS/GUNN [6], SAMARSKII [7], FAIRWEATHER/MITCHELL [9] werden die Verfahren der Zwischenschritte auf Differentialgleichungen der Form:

$$\frac{\partial u}{\partial t} - \sum_{\alpha=1}^{p} \frac{\partial^2 u}{\partial x_\alpha^2} = 0$$

erweitert.

Eine Zusammenstellung der verschiedenen Methoden findet man in dem Aufsatz von FAIRWEATHER/GOURLAY/MITCHELL [10]. Eine darüber hinausgehende Darstellung der Zwischenschrittmethode für die numerische Behandlung von mehrdimensionalen Problemen der mathematischen Physik mit vielen Literaturstellen ist in der Arbeit von JANENKO [11] enthalten.

Im folgenden wird für allgemeinere parabolische Anfangsrandwertaufgaben 1. Art der Form

$$\frac{\partial u}{\partial t} = L[u] + r(x, y, t) \quad \text{in} \quad B' = \{x, y \mid 0 \leqq x \leqq a,\ 0 \leqq y \leqq b\} \tag{8}$$

mit $a, b > 0$ (feste Konstanten), $0 \leqq t$ und

$$L[u] := A(x, y, t)\,\frac{\partial^2 u}{\partial x^2} + C(x, y, t)\,\frac{\partial^2 u}{\partial y^2} + 2\,D(x, y, t)\,\frac{\partial u}{\partial x} + 2\,E(x, y, t)\,\frac{\partial u}{\partial y} + 2\,F(x, y, t)\,u\,, \tag{9}$$

sowie $A, C > 0$ in B' als vorgegebene Funktionen ein allgemein anwendbares Verfahren für die Entwicklung von Differenzenschemata nach der Methode der Zwischenschritte vorgestellt. Für Formeln höherer Approximation werden gewisse Einschränkungen für die Funktionen A, C, D, E, F notwendig.

2. Ableitung der einzelnen Differenzenschemata

2.1. Definitionen, Abkürzungen

In Verallgemeinerung der bisherigen Formeln zur Integration von Anfangsrandwert- und Randwertaufgaben nach der Methode der Zwischenschritte wird zuerst von den bisher verwendeten quadratischen Integrationsgebieten auf Rechteckbereiche übergegangen. Dadurch werden unterschiedliche Schrittweiten in den Ortskoordinaten benötigt:

$$h_1 := \frac{a}{M}; \qquad h_2 := \frac{b}{N} \quad \text{mit} \quad M, N > 1 \qquad \text{(natürliche Zahlen)}.$$

Die Zeitschrittweite sei Δt. Gitterpunkte werden definiert über die Gleichungen:

$$x_i := i\,h_1\ (i = 0, 1, 2, \ldots, M), \quad y_j := j\,h_2\ (j = 0, 1, 2, \ldots, N), \quad t_k := k\,\Delta t\ (k = 0, 1, 2, \ldots).$$

Damit ist ein Gitternetz im Bereich $B' \times \{t \mid 0 \leqq t\}$ eingeführt. Die Näherungswerte der Lösung $u(x, y, t)$ werden wieder mit $u_{i,j}^k \approx u(x_i, y_j, t_k)$ bezeichnet. Außerdem gilt für $A(x, y, t)$ ebenso wie für die restlichen vorgegebenen Funktionen: $A_{i,j}^k := A(x_i, y_j, t_k)$.

2.2. Entwicklung eines Schemas der Ordnung $O(\Delta t^2 + h_1^2 + h_2^2)$

a) Diskretisierung in Zeitrichtung:

$$\left(u_{i,j}^{k+1} - u_{i,j}^{k}\right)/\Delta t = \left.\frac{\partial u}{\partial t}\right|_{i,j}^{k+(1/2)} + O(\Delta t^2) \tag{10}$$

mit

$$u_{i,j}^{k+(1/2)} = \frac{1}{2}\left(u_{i,j}^{k} + u_{i,j}^{k+1}\right) + O(\Delta t^2). \tag{11}$$

b) Diskretisierung in den Ortskoordinaten:

Der Operator $L[u]$, vgl. Gleichung (9), wird in zwei Anteile aufgespalten:

$$f := A\,u_{xx} + 2\,D\,u_x + 2\,\varrho\,F\,u\,, \tag{12}$$

$$g := C\,u_{yy} + 2\,E\,u_y + 2\,(1-\varrho)\,F\,u \tag{13}$$

mit einer zunächst willkürlichen Zahl ϱ, $0 \leqq \varrho \leqq 1$. Unter Verwendung von zentralen Differenzenquotienten ergeben sich die Operatoren

$$\delta_x u_{i,j}^k = -u_{i-1,j}^k + u_{i+1,j}^k = \{-1, \ 0, 1\} u_{i,j}^k, \tag{14}$$

$$\delta_x^2 u_{i,j}^k = u_{i-1,j}^k - 2 u_{i,j}^k + u_{i+1,j}^k = \{ \ 1, -2, 1\} u_{i,j}^k, \tag{15}$$

$$\delta_y u_{i,j}^k = -u_{i,j-1}^k + u_{i,j+1}^k = \{-1, \ 0, 1\} u_{i,j}^k, \tag{16}$$

$$\delta_y^2 u_{i,j}^k = u_{i,j-1}^k - 2 u_{i,j}^k + u_{i,j+1}^k = \{ \ 1, -2, 1\} u_{i,j}^k \tag{17}$$

und somit die folgenden Diskretisierungsformeln:

$$h_1^2 f_{i,j}^k = A_{i,j}^k \delta_x^2 u_{i,j}^k + h_1 D_{i,j}^k \delta_x u_{i,j}^k + 2 \varrho h_1^2 F_{i,j}^k u_{i,j}^k + O(h_1^4), \tag{18}$$

$$h_2^2 g_{i,j}^k = C_{i,j}^k \delta_y^2 u_{i,j}^k + h_2 E_{i,j}^k \delta_y u_{i,j}^k + 2 (1 - \varrho) h_2^2 F_{i,j}^k u_{i,j}^k + O(h_2^4). \tag{19}$$

Diese Gleichungen lassen sich zusammenfassen in der Form

$$h_1^2 f_{i,j}^{k+(1/2)} =: D_x^{k+(1/2)} u_{i,j}^{k+(1/2)}; \qquad h_2^2 g_{i,j}^{k+(1/2)} =: D_y^{k+(1/2)} u_{i,j}^{k+(1/2)} \tag{20}$$

mit folgenden Elementen für die Operatoren $D_x^{k+(1/2)}$, $D_y^{k+(1/2)}$:

$$D_x^{k+(1/2)} = \{A_{i,j}^{k+(1/2)} - h_1 D_{i,j}^{k+(1/2)}; \ -2 A_{i,j}^{k+(1/2)} + 2 \varrho h_1^2 F_{i,j}^{k+(1/2)}; \ A_{i,j}^{k+(1/2)} + h_1 D_{i,j}^{k+(1/2)}\}, \tag{21}$$

$$D_y^{k+(1/2)} = \{C_{i,j}^{k+(1/2)} - h_2 E_{i,j}^{k+(1/2)}; \ -2 C_{i,j}^{k+(1/2)} + 2 (1 - \varrho) h_2^2 F_{i,j}^{k+(1/2)}; \ C_{i,j}^{k+(1/2)} + h_2 E_{i,j}^{k+(1/2)}\}. \tag{22}$$

Damit sind alle notwendigen Diskretisierungsformeln angeschrieben. Im folgenden werden zwei Schrittparameter s_1, s_2 benötigt:

$$s_1 := \frac{\Delta t}{h_1^2}; \qquad s_2 := \frac{\Delta t}{h_2^2}. \tag{23}$$

Unter Verwendung der Gleichungen (10), (12) und (13) mit Berücksichtigung von (23) gilt

$$u_{i,j}^{k+1} - u_{i,j}^k = s_1 h_1^2 f_{i,j}^{k+(1/2)} + s_2 h_2^2 g_{i,j}^{k+(1/2)} + \Delta t \, r_{i,j}^{k+(1/2)}. \tag{24}$$

Mit der Definition eines „Einsoperators" δ, d. h. $\delta u_{i,j}^k \equiv u_{i,j}^k$ und unter Verwendung der Gleichungen (11) und (20) wird die letzte Gleichung entsprechend dem Zeitniveau getrennt:

$$\delta u_{i,j}^{k+1} - \frac{1}{2} s_1 D_x^{k+(1/2)} u_{i,j}^{k+1} - \frac{1}{2} s_2 D_y^{k+(1/2)} u_{i,j}^{k+1}$$

$$= \delta u_{i,j}^k + \frac{1}{2} s_1 D_x^{k+(1/2)} u_{i,j}^k + \frac{1}{2} s_2 D_y^{k+(1/2)} u_{i,j}^k + \Delta t \, r_{i,j}^{k+(1/2)};$$

zusammengefaßt:

$$\left\{\delta - \frac{1}{2} s_2 D_y^{k+(1/2)}\right\} u_{i,j}^{k+1} - \frac{1}{2} s_1 D_x^{k+(1/2)} u_{i,j}^{k+1}$$

$$= \left\{\delta + \frac{1}{2} s_2 D_y^{k+(1/2)}\right\} u_{i,j}^k + \frac{1}{2} s_1 D_x^{k+(1/2)} u_{i,j}^k + \Delta t \, r_{i,j}^{k+(1/2)}. \tag{25}$$

Definiert man die neuen Operatoren

$$T_y^{k+(1/2)} := \left\{\delta - \frac{1}{2} s_2 D_y^{k+(1/2)}\right\}; \qquad I_y^{k+(1/2)} := \left\{\delta + \frac{1}{2} s_2 D_y^{k+(1/2)}\right\}, \tag{26}$$

so lautet die letzte Gleichung mit einer Erweiterung:

$$T_y^{k+(1/2)} u_{i,j}^{k+1} - \frac{1}{2} s_1 D_x^{k+(1/2)} \left(\delta u_{i,j}^{k+1} - \frac{1}{2} s_2 D_y^{k+(1/2)} u_{i,j}^{k+1} + \frac{1}{2} s_2 D_y^{k+(1/2)} u_{i,j}^{k+1}\right)$$

$$= I_y^{k+(1/2)} u_{i,j}^k + \frac{1}{2} s_1 D_x^{k+(1/2)} \left(\delta u_{i,j}^k + \frac{1}{2} s_2 D_y^{k+(1/2)} u_{i,j}^k - \frac{1}{2} s_2 D_y^{k+(1/2)} u_{i,j}^k\right) + \Delta t \, r_{i,j}^{k+(1/2)}. \tag{27}$$

Bei Berücksichtigung der eben angegebenen Operatoren (vgl. Gleichung (26)) folgt:

$$\delta T_y^{k+(1/2)} u_{i,j}^{k+1} - \frac{1}{2} s_1 D_x^{k+(1/2)} T_y^{k+(1/2)} u_{i,j}^{k+1}$$

$$= \delta I_y^{k+(1/2)} u_{i,j}^k + \frac{1}{2} s_1 D_x^{k+(1/2)} I_y^{k+(1/2)} u_{i,j}^k + \Delta t \, r_{i,j}^{k+(1/2)} + \frac{1}{4} s_1 s_2 D_x^{k+(1/2)} D_y^{k+(1/2)} (u_{i,j}^{k+1} - u_{i,j}^k). \tag{28}$$

Entsprechend der Gleichung (26) werden eingeführt:

$$T_x^{k+(1/2)} := \left\{\delta - \frac{1}{2} s_1 D_x^{k+(1/2)}\right\}; \qquad I_x^{k+(1/2)} := \left\{\delta + \frac{1}{2} s_1 D_x^{k+(1/2)}\right\}. \tag{29}$$

Somit lautet Gleichung (28):

$$T_x^{k+(1/2)} T_y^{k+(1/2)} u_{i,j}^{k+1} = I_x^{k+(1/2)} I_y^{k+(1/2)} + \Delta t\, r_{i,j}^{k+(1/2)} + \frac{1}{4} s_1 s_2 D_x^{k+(1/2)} D_y^{k+(1/2)} \left(u_{i,j}^{k+1} - u_{i,j}^{k}\right). \quad (30)$$

Entwickelt man den letzten Term in eine TAYLORreihe bezüglich der Zeit, so ist seine Größenordnung von der Form $O(\Delta t^3)$ und damit von gleicher Größenordnung wie der Abbrechfehler der eingangs aufgestellten Diskretisierungsformel für die Zeit. Es ist daher konsistent mit dem Verfahren, diesen Term zu unterdrücken.

Damit lautet das Differenzenschema endgültig:

$$T_x^{k+(1/2)} T_y^{k+(1/2)} u_{i,j}^{k+1} = I_x^{k+(1/2)} I_y^{k+(1/2)} u_{i,j}^{k} + \Delta t\, r_{i,j}^{k+(1/2)}$$
$$(i = 1, 2, \ldots, M-1;\ j = 1, 2, \ldots, N-1) \quad (31)$$

mit folgenden Operatoren (ausgeschrieben):

$$I_x^{k+(1/2)} = \left\{\frac{1}{2} s_1 \left[A_{i,j}^{k+(1/2)} - h_1 D_{i,j}^{k+(1/2)}\right];\quad 1 - s_1\left[A_{i,j}^{k+(1/2)} - \varrho\, h_1^2 F_{i,j}^{k+(1/2)}\right];\quad \frac{1}{2} s_1 \left[A_{i,j}^{k+(1/2)} + h_1 D_{i,j}^{k+(1/2)}\right]\right\},$$

$$I_y^{k+(1/2)} = \left\{\frac{1}{2} s_2 \left[C_{i,j}^{k+(1/2)} - h_2 E_{i,j}^{k+(1/2)}\right];\quad 1 - s_2\left[C_{i,j}^{k+(1/2)} - (1-\varrho)\, h_2^2 F_{i,j}^{k+(1/2)}\right];\quad \frac{1}{2} s_2 \left[C_{i,j}^{k+(1/2)} + h_2 E_{i,j}^{k+(1/2)}\right]\right\},$$

$$T_x^{k+(1/2)} = \left\{-\frac{1}{2} s_1 \left[A_{i,j}^{k+(1/2)} - h_1 D_{i,j}^{k+(1/2)}\right];\quad 1 + s_1\left[A_{i,j}^{k+(1/2)} - \varrho\, h_1^2 F_{i,j}^{k+(1/2)}\right];\quad -\frac{1}{2} s_1 \left[A_{i,j}^{k+(1/2)} + h_1 D_{i,j}^{k+(1/2)}\right]\right\},$$

$$T_y^{k+(1/2)} = \left\{-\frac{1}{2} s_2 \left[C_{i,j}^{k+(1/2)} - h_2 E_{i,j}^{k+(1/2)}\right];\quad 1 + s_2\left[C_{i,j}^{k+(1/2)} - (1-\varrho)\, h_2^2 F_{i,j}^{k+(1/2)}\right];\quad -\frac{1}{2} s_2 \left[C_{i,j}^{k+(1/2)} + h_2 E_{i,j}^{k+(1/2)}\right]\right\}.$$

Obwohl die Operatorenmultiplikation in Gleichung (31) nicht kommutativ ist, gilt auch die folgende Formel:

$$T_y^{k+(1/2)} T_x^{k+(1/2)} u_{i,j}^{k+1} = I_y^{k+(1/2)} I_x^{k+(1/2)} u_{i,j}^{k} + \Delta t\, r_{i,j}^{k+(1/2)}$$
$$(i = 1, 2, \ldots, M-1,\ j = 1, 2, \ldots, N-1). \quad (32)$$

Zur Auswertung der Gleichung (31) wird zunächst die rechte Seite berechnet:

$$v_{i,j} := I_x^{k+(1/2)} I_y^{k+(1/2)} u_{i,j}^{k} + \Delta t\, r_{i,j}^{k+(1/2)} \quad (i = 1, 2, \ldots, M-1,\quad j = 1, 2, \ldots, N-1).$$

Führt man die neuen Unbekannten

$$z_{i,j} := T_y^{k+(1/2)} u_{i,j}^{k+1}$$

ein, so lautet die Aufgabe jetzt:

$$T_x^{k+(1/2)} z_{i,j} = v_{i,j} \quad (i = 1, 2, \ldots, M-1).$$

Dieses tridiagonale Gleichungssystem für die x-Richtung ist für jeden Index $j = 1, 2, \ldots, N-1$ zu lösen mit den Randwerten (1. Randwertaufgabe):

$$z_{0,j} = T_y^{k+(1/2)} u_{0,j}^{k+1} \quad \text{und} \quad z_{M,j} = T_y^{k+(1/2)} u_{M,j}^{k+1}.$$

Damit stehen die Werte $z_{i,j}$ zur Verfügung. In einem zweiten Schritt erfolgt die Berechnung von

$$T_y^{k+(1/2)} u_{i,j}^{k+1} = z_{i,j} \quad (j = 1, 2, \ldots, N-1)$$

für jeden Index $i = 1, 2, \ldots, M-1$ mit den Randwerten $u_{i,0}^{k+1}$ und $u_{i,N}^{k+1}$, womit die Unbekannten $u_{i,j}^{k+1}$ ermittelt sind. Für diese Art des Auflösens der Gleichung (31) vergleiche man auch die Arbeit von D'YAKONOV [4].

Eine Gegenüberstellung mit der Randwertaufgabe 1. Art

$$L[u] + r(x, y) = 0 \quad (33)$$

führt unter der Annahme $\lim_{t\to\infty} \frac{\partial u}{\partial t} = 0$ auf ein Iterationsverfahren zur angenäherten Berechnung der Lösung $u(x, y)$ der Differentialgleichung

$$L[u] + r(x, y) = 0 \quad \text{in } B' .$$

Die Frage nach der Wahl optimaler Schrittparameter s_1, s_2 für das Iterationsverfahren ist theoretisch außerordentlich schwierig zu beantworten. Ebenso gestaltet sich eine Stabilitätsuntersuchung sehr aufwendig; beide hier angesprochenen Probleme sollen an dieser Stelle nicht weiter verfolgt werden.

Für $A(x, y, t) = C(x, y, t) \equiv 1$ und $D(x, y, t) = E(x, y, t) = F(x, y, t) \equiv 0$ sowie $r(x, y, t) \equiv 0$ in B mit $h_1 = h_2 \equiv h$, gelangt man zu der eingangs erwähnten Formel von PEACEMAN/RACHFORD.

2.3. Entwicklung eines Schemas der Ordnung $O(\Delta t^2 + h_1^4 + h_2^4)$

Um das kommutative Gesetz für die multiplikative Operatorenverknüpfung zu sichern, müssen gewisse Einschränkungen in den Funktionen A, C, D, E, F hingenommen werden. Für die folgenden Überlegungen gilt daher jetzt:

$$A = A(x, t) > 0; \quad C = C(y, t) > 0; \quad D = D(x, t); \quad E = E(y, t); \quad F = F(t); \quad r = r(x, y) \quad \text{in } B'.$$

Die Formeln höherer Annäherung für die Ortskoordinaten werden dadurch erhalten, daß in den Ausdrükken — vgl. Gleichung (12), (13) —

$$A\, u_{xx} + 2\, D\, u_x + 2\, \varrho\, F\, u = f(x, y, t)\,, \qquad C\, u_{yy} + 2\, E\, u_y + 2\,(1 - \varrho)\, F\, u = g(x, y, t)$$

f und g als bekannte Funktionen ihrer Argumente angesehen werden und somit diese Ausdrücke gewöhnliche Differentialgleichungen in den jeweiligen Koordinaten darstellen, für die Differenzenformeln hoher Genauigkeit durch das Mehrstellenverfahren (vgl. COLLATZ [1]) angegeben werden können.

Nach einiger Rechnung ergeben sich die Mehrstellenformeln zu:

$$h_1^2\, S_x^{k+(1/2)}\, f_{i,j}^{k+(1/2)} = D_x^{k+(1/2)}\, u_{i,j}^{k+(1/2)} + O(h_1^6)\,, \tag{34}$$

$$h_2^2\, S_y^{k+(1/2)}\, g_{i,j}^{k+(1/2)} = D_y^{k+(1/2)}\, u_{i,j}^{k+(1/2)} + O(h_2^6) \tag{35}$$

mit folgenden Elementen der einzelnen Operatoren:

a) für die x-Koordinate:

$$S_x^{k+(1/2)} := \{\alpha_{i-1}^{k+(1/2)}\,;\ \alpha_i^{k+(1/2)}\,;\ \alpha_{i+1}^{k+(1/2)}\}, \qquad D_x^{k+(1/2)} := \{\beta_{i-1}^{k+(1/2)}\,;\ \beta_i^{k+(1/2)}\,;\ \beta_{i+1}^{k+(1/2)}\}.$$

Diese Elemente berechnen sich nach folgenden Formeln, wobei für die Zeitkoordinate stets $t = (k + (1/2))\,\Delta t$ einzusetzen ist:

$$p_{i\pm1} := 6\, A_{i\pm1}^{k+(1/2)} \pm 4\, h_1\, D_{i\pm1}^{k+(1/2)}\,; \qquad q_{i\pm1} := 10\, A_{i\pm1}^{k+(1/2)} \pm 4\, h_1\, D_{i\pm1}^{k+1/2}\,;$$

$$p_i := 2\, h_1\, D_i^{k+(1/2)}\,; \qquad q_i := 2\, A_i^{k+(1/2)}\,;$$

$$\alpha_{i\pm1}^{k+(1/2)} := (q_i\, p_{i\mp1} \pm p_i\, q_{i\mp1})/H_i\,; \qquad \alpha_i^{k+(1/2)} := (p_{i+1}\, q_{i-1} + p_{i-1}\, q_{i+1})/H_i\,;$$

$$H_i := q_i\,(p_{i+1} + p_{i-1}) + p_i\,(q_{i-1} - q_{i+1}) + p_{i+1}\, q_{i-1} + p_{i-1}\, q_{i+1}\,;$$

$$\bar{q}_i := \sum_{\lambda=-1}^{+1} \alpha_{i+\lambda}^{k+(1/2)}\, A_{i+\lambda}^{k+(1/2)}\,; \qquad \bar{p}_{i+\lambda} := 2\, \alpha_{i+\lambda}^{k+(1/2)}\, h_1\, D_{i+\lambda}^{k+(1/2)} \qquad (\lambda = -1, 0, 1);$$

$$\bar{r}_{i+\lambda} := 2\, \varrho\, \alpha_{i+\lambda}^{k+(1/2)}\, h_1^2\, F^{k+(1/2)} \qquad (\lambda = -1, 0, 1);$$

$$\beta_{i-1}^{k+(1/2)} := \bar{q}_i - \frac{3}{2}\,\bar{p}_{i-1} - \frac{1}{2}\,\bar{p}_i + \frac{1}{2}\,\bar{p}_{i+1} + \bar{r}_{i-1}\,;$$

$$\beta_i^{k+(1/2)} := -\,2\,\bar{q}_i + 2\,\bar{p}_{i-1} - 2\,\bar{p}_{i+1} + \bar{r}_i\,;$$

$$\beta_{i+1}^{k+(1/2)} := \bar{q}_i - \frac{1}{2}\,\bar{p}_{i-1} + \frac{1}{2}\,\bar{p}_i + \frac{3}{2}\,\bar{p}_{i+1} + \bar{r}_{i+1}\,.$$

b) für die y-Koordinate:

$$S_y^{k+(1/2)} = \{\gamma_{j-1}^{k+(1/2)}\,;\ \gamma_j^{k+(1/2)}\,;\ \gamma_{j+1}^{k+(1/2)}\}\,; \qquad D_y^{k+(1/2)} = \{\delta_{j-1}^{k+(1/2)}\,;\ \delta_j^{k+(1/2)}\,;\ \delta_{j+1}^{k+(1/2)}\}\,;$$

mit folgenden Elementen

$$p_{j\pm 1} := 6\, C_{j\pm 1}^{k+(1/2)} \pm 4\, h_2\, E_{j\pm 1}^{k+(1/2)}; \qquad q_{j\pm 1} := 10\, C_{j\pm 1}^{k+(1/2)} \pm 4\, h_2\, E_{j\pm 1}^{k+(1/2)};$$

$$p_j := 2\, h_2\, E_j^{k+(1/2)}; \qquad q_j := 2\, C_j^{k+(1/2)};$$

$$\gamma_{j\pm 1}^{k+(1/2)} := (q_j\, p_{j\mp 1} \pm p_j\, q_{j\mp 1})/H_j; \qquad \gamma_j^{k+(1/2)} := (p_{j+1}\, q_{j-1} + p_{j-1}\, q_{j+1})/H_j;$$

$$H_j := q_j\,(p_{j+1} + p_{j-1}) + p_j\,(q_{j-1} - q_{j+1}) + p_{j+1}\, q_{j-1} + p_{j-1}\, q_{j+1};$$

$$\bar{q}_j := \sum_{\lambda=-1}^{+1} \gamma_{j+\lambda}^{k+(1/2)}\, C_{j+\lambda}^{k+(1/2)}; \qquad \bar{p}_{j+\lambda} := 2\, \gamma_{j+\lambda}^{k+(1/2)}\, h_2\, E_{j+\lambda}^{k+(1/2)} \qquad (\lambda = -1, 0, 1);$$

$$\bar{r}_{j+\lambda} := 2\,(1-\varrho)\, \gamma_{j+\lambda}^{k+(1/2)}\, h_2^2\, F^{k+(1/2)} \qquad (\lambda = -1, 0, 1);$$

$$\delta_{j-1}^{k+(1/2)} := \bar{q}_j - \frac{3}{2}\bar{p}_{j-1} - \frac{1}{2}\bar{p}_j + \frac{1}{2}\bar{p}_{j+1} + \bar{r}_{j-1};$$

$$\delta_{j+1}^{k+(1/2)} := -2\,\bar{q}_j + 2\,\bar{p}_{j-1} - 2\,\bar{p}_{j+1} + \bar{r}_j;$$

$$\delta_{j+1}^{k+(1/2)} := \bar{q}_j - \frac{1}{2}\bar{p}_{j-1} + \frac{1}{2}\bar{p}_j + \frac{3}{2}\bar{p}_{j+1} + \bar{r}_{j+1}.$$

Ausgangspunkt für die folgende Herleitung ist wieder die Gleichung (24):

$$u_{i,j}^{k+1} - u_{i,j}^{k} = s_1\, h_1^2\, f_{i,j}^{k+(1/2)} + s_2\, h_2^2\, g_{i,j}^{k+(1/2)} + \Delta t\, r_{i,j}^{k+(1/2)}.$$

Auf diese Gleichung wird der Operator $S_y^{k+(1/2)}$ angewendet unter Berücksichtigung von Gleichung (35) und (11):

$$\left\{S_y^{k+(1/2)} - \frac{1}{2} s_2\, D_y^{k+(1/2)}\right\} u_{i,j}^{k+1} - s_1\, h_1^2\, S_y^{k+(1/2)}\, f_{i,j}^{k+(1/2)}$$

$$= \left\{S_y^{k+(1/2)} + \frac{1}{2} s_2\, D_y^{k+(1/2)}\right\} u_{i,j}^{k} + \Delta t\, S_y^{k+(1/2)}\, r_{i,j}^{k+(1/2)}. \tag{36}$$

Mit den Definitionen

$$T_y^{k+(1/2)} := \left\{S_y^{k+(1/2)} - \frac{1}{2} s_2\, D_y^{k+(1/2)}\right\}; \qquad I_y^{k+(1/2)} := \left\{S_y^{k+(1/2)} + \frac{1}{2} s_2\, D_y^{k+(1/2)}\right\} \tag{37}$$

und unter Beachtung der Vertauschbarkeit der Operatorenmultiplikation wird auf die Gleichung (36) $S_x^{k+(1/2)}$ angewendet, unter Einschluß der Gleichungen (35) und (11):

$$S_x^{k+(1/2)}\, T_y^{k+(1/2)}\, u_{i,j}^{k+1} - \frac{1}{2} s_1\, D_x^{k+(1/2)}\, S_y^{k+(1/2)}\, u_{i,j}^{k+1}$$

$$= S_x^{k+(1/2)}\, I_y^{k+(1/2)}\, u_{i,j}^{k} + \frac{1}{2} s_1\, D_x^{k+(1/2)}\, S_y^{k+(1/2)}\, u_{i,j}^{k} + \Delta t\, S_x^{k+(1/2)}\, S_y^{k+(1/2)}\, r_{i,j}^{k+(1/2)}. \tag{38}$$

Mit einer Erweiterung, analog zum Vorgehen unter Abschnitt 2.2., folgt nach einiger Zwischenrechnung:

$$\left\{S_x^{k+(1/2)} - \frac{1}{2} s_1\, D_x^{k+(1/2)}\right\} T_y^{k+(1/2)}\, u_{i,j}^{k+1} = \left\{S_x^{k+(1/2)} + \frac{1}{2} s_1\, D_x^{k+(1/2)}\right\} I_y^{k+(1/2)}\, u_{i,j}^{k} +$$

$$+ \Delta t\, S_x^{k+(1/2)}\, S_y^{k+(1/2)}\, r_{i,j}^{k+(1/2)} + \frac{1}{4} s_1\, s_2\, D_x^{k+(1/2)}\, D_y^{k+(1/2)}\, (u_{i,j}^{k+1} - u_{i,j}^{k}). \tag{39}$$

Mit

$$T_x^{k+(1/2)} := \left\{S_x^{k+(1/2)} - \frac{1}{2} s_1\, D_x^{k+(1/2)}\right\} \quad \text{und} \quad I_x^{k+(1/2)} := \left\{S_x^{k+(1/2)} + \frac{1}{2} s_1\, D_x^{k+(1/2)}\right\} \tag{40}$$

lautet das Endergebnis, wenn der letzte Term mit den gleichen Überlegungen, wie unter Abschnitt 2.2., unterdrückt wird:

$$T_x^{k+(1/2)}\, T_y^{k+(1/2)}\, u_{i,j}^{k+1} = I_x^{k+(1/2)}\, I_y^{k+(1/2)}\, u_{i,j}^{k} + \Delta t\, S_x^{k+(1/2)}\, S_y^{k+(1/2)}\, r_{i,j}^{k+(1/2)}$$

$$(i = 1, 2, \ldots, M-1, \quad j = 1, 2, \ldots, N-1). \tag{41}$$

Wie man zeigen kann, enthält diese Gleichung als Spezialfall die Formel von Mitchell/Fairweather [4], wenn folgende Einschränkungen gelten:

$$A(x,t) = C(y,t) \equiv 1; \quad D(x,t) = E(y,t) = F(t) \equiv 0; \quad r(x,y,t) \equiv 0 \text{ in } B' \text{ sowie } h \equiv h_1 = h_2,$$

d. h. quadratischer Integrationsbereich. Mit den gleichen Einschränkungen, aber $r(x, y) \neq 0$ in B', gelingt es, mit dem Ansatz

$$u_{i,j}^{k+1} = \hat{u}_{i,j}^{k+1} + \lambda\, r_{i,j} \qquad (\lambda, \mu = \text{freie Konstanten})$$

$$u_{i,j}^{k} = \tilde{u}_{i,j}^{k} + \mu\, r_{i,j}$$

und den Werten $\lambda = 1/2\, sh^2$ und $\mu = -1/2\, sh^2$ sowie unter der weiteren Voraussetzung

$$\frac{\partial^4 r(x, y)}{\partial x^2\, \partial y^2} \equiv 0 \quad \text{in } B$$

die Formel von Albrecht [8] als Sonderfall der allgemeinen Gleichung (41) herzuleiten.

Ebenso — wie am Ende des Abschnittes 2.2. gezeigt wurde — kann auch die Formel (41) als ein Iterationsverfahren zur Lösung der Randwertaufgabe 1. Art

$$A(x)\, u_{xx} + C(y)\, u_{yy} + 2\, D(x)\, u_x + 2\, E(y)\, u_y + 2\, F + r(x, y) = 0$$

aufgefaßt werden, wenn die Voraussetzung gilt:

$$\lim_{t \to \infty} u(x, y, t) = u(x, y)\,.$$

Selbstverständlich sind für diesen Fall die Operatoren der Formel (41) nicht zeitabhängig.

Eine Bemerkung über den Faktor ϱ in Gleichung (12) und (13) sei angeschlossen. Wenn keine Koordinatenachse bevorzugt werden soll, kann $\varrho = 0.5$ gesetzt werden.

3. Eine Beispielrechnung

An einem einfachen Beispiel soll nun die Genauigkeit der Näherungen des gewöhnlichen impliziten Differenzenverfahrens und des entsprechenden Mehrstellenverfahrens verglichen werden.

3.1. Differentialgleichung

$$u_t = L[u] - 1 \quad \text{mit} \quad L[u] := u_{xx} + u_{yy} + u_x + u_y + u$$

$$\text{in } B = \{x, y \,|\, 0 \leqq x \leqq 1;\, 0 \leqq y \leqq 2\}; \qquad t \geqq 0;$$

Anfangsbedingung:

$$u(x, y, 0) = 1 + e^{-\frac{1}{2}(x+y)} \sin \pi x \, \sin \frac{\pi}{2} y; \qquad t = 0;$$

Randbedingung:

$$u(x, y, t) = 1 \quad \text{auf} \quad \Gamma \in B \quad \text{für} \quad t \geqq 0\,.$$

3.2. Lösung

$$u(x, y, t) = 1 + e^{-\left(\lambda t + \frac{1}{2} x + \frac{1}{2} y\right)} \sin \pi x \, \sin \frac{\pi}{2} y \quad \text{mit} \quad \lambda := \frac{5}{4}\pi^2 - \frac{1}{2}\,.$$

3.3. Näherungen $u_{i,j}^k$ (in Klammern: Fehlerangabe $10^7\, \varepsilon_{i,j}^k$)

a) Gewöhnliches implizites Differenzenverfahren nach Gleichung (31) mit $s_1 = 0.1$, $s_2 = 0.025$, $h_1 = 0.1$, $h_2 = 0.2$ und 400 Rechenschritten bis $t = 0.4$.

Tabelle 1

	x					
y	0	0.2	0.4	0.6	0.8	1.0
0	1.0	1.0	1.0	1.0	1.0	1.0
0.4	1.0	1.0023659 (1176)	1.0034635 (1719)	1.0031337 (1553)	1.0017523 (867)	1.0
0.8	1.0	1.0031322 (1538)	1.0045853 (2248)	1.0041486 (2031)	1.0023198 (1134)	1.0
1.2	1.0	1.0025628 (1243)	1.0037518 (1817)	1.0033945 (1641)	1.0018981 (916)	1.0
1.6	1.0	1.0012960 (621)	1.0018972 (907)	1.0017165 (820)	1.0009598 (458)	1.0
2.0	1.0	1.0	1.0	1.0	1.0	1.0

b) Mehrstellenverfahren nach Gleichung (41) mit $s_1 = 0.1$, $s_2 = 0.025$, $h_1 = 0.1$, $h_2 = 0.2$ und 400 Rechenschritten bis $t = 0.4$.

Tabelle 2

y \ x	0	0.2	0.4	0.6	0.8	1.0
0	1.0	1.0	1.0	1.0	1.0	1.0
0.4	1.0	1.0022489 (7)	1.0032926 (9)	1.0029792 (9)	1.0016661 (5)	1.0
0.8	1.0	1.0029792 (8)	1.0043617 (12)	1.0039466 (11)	1.0022070 (6)	1.0
1.2	1.0	1.0024391 (7)	1.0035710 (9)	1.0032312 (9)	1.0018069 (5)	1.0
1.6	1.0	1.0012342 (3)	1.0018069 (5)	1.0016350 (4)	1.0009143 (2)	1.0
2.0	1.0	1.0	1.0	1.0	1.0	1.0

Diese Ergebnisse (Fehlerverhältnis etwa 1:200) begründen ebenso wie die Theorie die Empfehlung, Formeln mit hoher Genauigkeit in den Ortskoordinaten (und kleinerer Zeitschrittweite) vor solchen mit geringerer Genauigkeit (und größerer Zeitschrittweite) zu wählen. Im Hinblick auf die angenäherte Berechnung von stationären Lösungen (Iterationsverfahren) sind die Formeln höherer Genauigkeit zu bevorzugen. Der Rechenaufwand ist für die beiden hier berechneten Fälle etwa gleich.

4. Zusammenfassung

Für allgemeinere parabolische und elliptische Differentialgleichungen ist ein Verfahren zur Entwicklung von zweischichtigen impliziten Differenzenschemata einfacher und höherer Annäherung nach der Methode der Zwischenschritte vorgestellt. Für die Ableitung von Formeln höherer Genauigkeit müssen gewisse Einschränkungen in den Koeffizienten des Differentialoperators hingenommen werden (Sicherung der Kommutativität der Operatorenmultiplikation).

Als Spezialfälle ergeben sich die Formeln von Peaceman-Rachford, Mitchell/Fairweather sowie die von Albrecht.

Zweischichtige implizite Differenzenschemata für drei und mehr Ortskoordinaten lassen sich völlig analog herleiten, wobei die hier angewendete Aufspaltungsmethode numerisch stabile Verfahren erzeugt.

Eine Beispielrechnung für das Verfahren einfacher Annäherung und für das Mehrstellenverfahren ergibt ein Fehlerverhältnis von 200:1, so daß Formeln höherer Genauigkeit und kleinerer Zeitschrittweite zu bevorzugen sind.

Eine Untersuchung der Stabilität, die Angabe von Fehlerschranken sowie die Frage nach der Wahl optimaler Iterationsparameter mußte wegen der erkennbaren großen Schwierigkeiten für die hier abgeleiteten Differenzenformeln zunächst außer Betracht bleiben.

Literatur

1 Collatz, L., Numerische Behandlung von Differentialgleichungen, Springer-Verlag (1951).
2 Peaceman, D. W. and Rachford, W. W., The numerical solution of parabolic and elliptic differential equations, J. Soc. Ind. Appl. Math. 3, 28–41 (1955).
3 Wachspress, E. L., Optimum alternating direction implicit iteration parameters for a model problem, J. Soc. Ind. Appl. Math. 10, 339–350 (1962).
4 D'Yakonov, Ye. G., On the application of disintegrating difference operators, Zh. Vychisl. Mat. i Mat. Fiz. 3, 385–388 (1963).
5 Mitchell, A. R. and Fairweather, G., Improved Forms of the Alternating Direction Methods of Douglas, Peaceman and Rachford for Solving Parabolic and Elliptic Equations, Num. Math. 6, 285–292 (1964).
6 Douglas, J. and Gunn, J. E., A general formulation of alternating direction methods, I. Parabolic and hyperbolic problems, Num. Math. 6, 428–453 (1964).
7 Samarskii, A. A., A difference scheme for increasing the order of accuracy for the heat equation in several variables, Z. Vycisl. Mat. i. Mat. Fiz. 4, 161–165 (1964).
8 Albrecht, J., Eine Verallgemeinerung des Verfahrens der alternierenden Richtungen, ZAMM 45, Sonderheft (GAMM-Tagung 1965).
9 Fairweather, G. and Mitchell, A. R., A new computational procedure for A.D.I. methods, SIAM J. Numer. Anal. 4, 163–170 (1967).
10 Fairweather, G., Gourlay, A. R. and Mitchell, A. R., Some high accuracy difference schemes with a splitting operator for equations of parabolic and elliptic type, Num. Math. 10, 56–66 (1967).
11 Janenko, N. N., Die Zwischenschrittmethode zur Lösung mehrdimensionaler Probleme der mathematischen Physik, Lecture Notes in Mathematics, Springer-Verlag (1969).

Eingereicht am: 13. 7. 1971

Anschrift: Dr.-Ing. H. J. Wirz, Institut für Überschalltechnik (o. Professor Dr.-Ing. A. Walz), Technische Universität Berlin, 1 Berlin 10, Franklinstraße 29 (WB)

ZAMM 52, 337 – 344 (1972)

Hydromagnetic Instability of Laminar Boundary Layer on a Concave Wall

By R. KOBAYASHI

Die Instabilität der zweidimensionalen inkompressiblen laminaren Grenzschichtströmung einer elektrisch leitenden Flüssigkeit längs einer schwach gekrümmten konkaven Wand wird bei Vorhandensein dreidimensionaler periodischer Störungen unter dem Einfluß eines äußeren Magnetfeldes untersucht. Für Hartmann-Zahlen Ha_θ bis zu 10 werden die Görtler-Parameter G_θ der neutralen Störungen, bei denen die Instabilität beginnt, und die Wellenzahlen σ_θ der dabei auftretenden Längswirbel ausgerechnet. Die Ergebnisse zeigen, daß das Magnetfeld einen stabilisierenden Einfluß auf die Entwicklung der Längswirbel hat, wenn das Magnetfeld in gleichmäßiger Stärke senkrecht zur Wand gerichtet ist, und daß die Abhängigkeit der Indifferenzkurve von der Form des vorgegebenen Grundgeschwindigkeitsprofils so gering ist wie diejenige ohne Magnetfeld. Das parallel zur Hauptströmung wirkende Magnetfeld hat nur geringen Einfluß auf die vorliegende Instabilität.

This paper is concerned with the instability problem of the two-dimensional laminar boundary layer in an incompressible, electrically conducting fluid along a slightly concave wall for periodic three-dimensional disturbances in the presence of a uniform external magnetic field. The neutral stability curves representing the relation between the Görtler parameter G_θ and the non-dimensional wave number σ_θ of the longitudinal vortices are presented in several values of the Hartmann number Ha_θ. The results show that the magnetic field has a stabilizing effect on the development of the longitudinal vortices in the case where the uniform magnetic field is applied normal to the solid wall, and that the dependence of the neutral stability curve on the form of the basic velocity profile in the laminar boundary layer is as little as that in the case where no magnetic field is present. Further consideration on the case where the magnetic field is applied parallel to the free stream leads to a result that the magnetic field may hardly affect the present instability of the laminar boundary layer.

Исследустя недстойчивость плоского несжимаемого ламинарного течения пограничного слоя проводящей электрический ток жидкости вдоль слабо искривленной вогнутой стенки при наличии пространственных периодических помех под влиянием внешнего магнитного поля. Для чисел Гартманна Ha_θ до 10 определяются параметры Гэртлера G_θ нейтральных помех, при которых начинается неустойчивость, и волновые числа σ_θ возникающих при этом продольных вихрей. Результаты показывают, что магнитное поле производит стабилизирующее влияние на развитие продольных вихрей в том случае, если магнитное поле равномерной силы перпендикулярно направлено к стенке, и что нулевая кривая устойчивости слабо зависит от формы заданного профиля скоростей при наличии и отсубствии магнитного поля. Действующее параллельно к главному направлению течения магнитное поле мало влияет на выявленную неустойчивость.

1. Introduction

The behaviour of a laminar boundary layer in an electrically conducting fluid in the presence of a magnetic field is a problem which has received much attention during the last decade. The present paper is concerned with the hydromagnetic instability problem of the laminar boundary layer. Calculations by ROSSOW [1] indicated that for two-dimensional disturbances (TOLLMIEN-SCHLICHTING waves) in the laminar boundary layer along a flat plate the critical REYNOLDS number increases with the intensity of a uniform magnetic field applied in the direction parallel to the free stream, whereas the applied magnetic field perpendicular to the plate does not necessarily give stabilizing effects on the laminar boundary layer. When the laminar boundary layer becomes unstable on a slightly concaved solid wall, the instability on three-dimensional disturbances (GÖRTLER vortices) should also be considered. CHANG and SARTORY [2] and KOBAYASHI [3] found that the critical value of GÖRTLER parameter increases remarkably when the applied magnetic field is in the direction perpendicular to the free stream and parallel to the wall.

The purpose of the present paper is to consider the GÖRTLER instability of the incompressible laminar boundary layer on the concave wall; briefly in the case where the uniform external magnetic field is applied normal to the wall, to clarify the effects of the magnetic field on the neutral stability condition in relation with the GÖRTLER parameter and the wave number of disturbances to the HARTMANN number. It is also shown that a magnetic field applied parallel to the free stream gives little influence on the present instability of the laminar boundary layer.

2. Development of Perturbation Equations

A free stream with a velocity U_∞ is directed along the x-axis, as shown in Fig. 1 in which x is the arc length of the basic streamlines, y is normal to the concave wall, and z is along the wall and normal to the other two axes. A uniform external magnetic field H_0 is applied in the direction of the y-axis. Growth in the thickness δ of the boundary layer in the x-direction is neglected. The radius R of the curvature of the basic streamlines is much larger than the thickness δ of the boundary layer. We suppose here that the radius R of the curvature is constant in the direction of the x-axis and is taken as positive for the concave surface. The electrical conductivity $\varkappa$ of the fluid is assumed to be constant everywhere.

Denote by (u, v, w) the components of the velocity vector $\boldsymbol{u}$ and by (H_x, H_y, H_z) the components of the magnetic field $\boldsymbol{H}$ in the x-, y- and z-directions, respectively, and write the basic equations with the MKS system

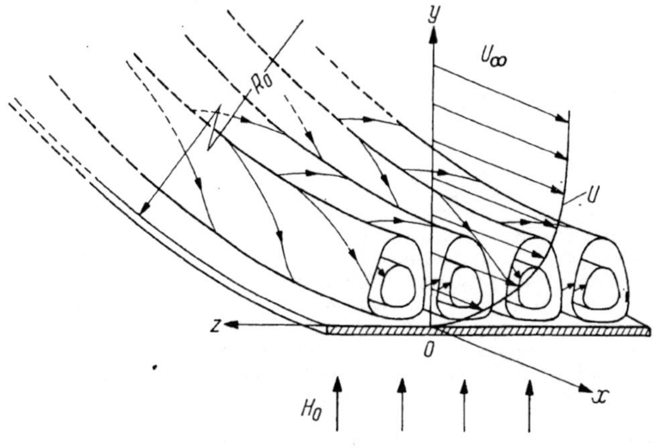

Fig. 1. Longitudinal vortices and coordinate system

of units under the magnetohydrodynamic approximation, that is, the equation of motion,

$$\frac{D\boldsymbol{u}}{Dt} - \frac{\mu_e}{\varrho}(\boldsymbol{H}\cdot\nabla)\,\boldsymbol{H} = -\frac{1}{\varrho}\nabla\left(p + \frac{\mu_e}{2}\boldsymbol{H}^2\right) + \nu\,\nabla^2\boldsymbol{u}\,, \tag{1}$$

the equation of continuity,

$$\nabla\boldsymbol{u} = 0\,, \tag{2}$$

and the equation of induction,

$$\frac{D\boldsymbol{H}}{Dt} - (\boldsymbol{H}\cdot\nabla)\,\boldsymbol{u} = \nu_H\,\nabla^2\boldsymbol{H} \tag{3}$$

together with $\nabla\boldsymbol{H} = 0$ with the present curvilinear coordinate system [3], where p denotes the static pressure, t the time, ϱ the density of the fluid, μ_e its magnetic permeability, and ν as well as ν_H $(= 1/(\varkappa\,\mu_e))$ the coefficients of the kinematic viscosity and of the magnetic viscosity respectively. The operator D/Dt means $\partial/\partial t + u\,\partial/\partial x + v\,\partial/\partial y + w\,\partial/\partial z$, and ∇ is Nabla-operator of gradient. Then the first equation of (1) can be expressed as

$$\frac{\partial u}{\partial t} + u\frac{\partial u}{\partial x} + v\frac{\partial u}{\partial y} + w\frac{\partial u}{\partial z} - \frac{u\,v}{R} - \frac{\mu_e}{\varrho}\left\{H_x\frac{\partial H_x}{\partial x} + H_y\frac{\partial H_x}{\partial y} + H_z\frac{\partial H_x}{\partial z} - \frac{H_x\,H_y}{R}\right\} = -\frac{1}{\varrho}\frac{\partial}{\partial x}\left(p + \frac{\mu_e}{2}\boldsymbol{H}^2\right) + \nu\left\{\frac{\partial^2 u}{\partial x^2} + \frac{\partial^2 u}{\partial y^2} + \frac{\partial^2 u}{\partial z^2} - \frac{2}{R}\frac{\partial v}{\partial x} - \frac{1}{R}\frac{\partial u}{\partial y} - \frac{u}{R^2}\right\}. \tag{4}$$

We shall now suppose that the basic laminar boundary layer flow is slightly perturbed with the type of TAYLOR–GÖRTLER vortices. The components of the velocity vector and of the magnetic field and also the pressure in the perturbed motion may be expressed as

$$\begin{aligned}
u &= U(y) + \hat{u}(y)\,e^{\omega t}\cos\alpha z\,, & H_x &= \hat{h}_x(y)\,e^{\omega t}\cos\alpha z\,,\\
v &= \hat{v}(y)\,e^{\omega t}\cos\alpha z\,, & H_y &= H_0 + \hat{h}_y(y)\,e^{\omega t}\cos\alpha z\,,\\
w &= \hat{w}(y)\,e^{\omega t}\sin\alpha z\,, & H_z &= \hat{h}_z(y)\,e^{\omega t}\sin\alpha z\,,\\
p &= P(y) + \hat{p}(y)\,e^{\omega t}\cos\alpha z\,.
\end{aligned} \tag{5}$$

Introducing (5) into (1) to (3), neglecting squares and products of the perturbation quantities with respect to products of the perturbation quantities times basic flow values, and eliminating $\hat{p}$, we have a system of differential equations in non-dimensional expression

$$\begin{aligned}
&(D^2 - \tau^2)\,\bar{u} = (D\bar{U})\,\bar{v} - Ha^2\,D\bar{h}_x\,,\\
&(D^2 - \sigma^2)\,(D^2 - \tau^2)\,\bar{v} = -\,2\,\sigma^2\,G^2\,\bar{U}\,\bar{u} - Ha^2\,D(D^2 - \sigma^2)\,\bar{h}_y\,,\\
&(D^2 - \tau_H^2)\,\bar{h}_x = -\,D\bar{u}\,,\\
&(D^2 - \tau_H^2)\,\bar{h}_y = -\,D\bar{v}\,,\\
&\bar{w} = -\frac{1}{\sigma}D\bar{v}\,, \qquad \bar{h}_z = -\frac{1}{\sigma}D\bar{h}_y
\end{aligned} \tag{6}$$

under an ordinary condition that the magnetic REYNOLDS number R_m is much less than unity, where the non-dimensional quantities are defined as

$$\mathrm{Re} = \frac{U_\infty \delta}{\nu}, \quad R_m = \frac{U_\infty \delta}{\nu_H}, \quad \eta = \frac{y}{\delta}, \quad \bar{U} = \frac{U}{U_\infty},$$
$$\gamma = \frac{\delta}{R_0}, \quad \sigma = \alpha\,\delta, \quad \tau = \sqrt{\sigma^2 + \frac{\omega\,\delta^2}{\nu}}, \tag{7}$$
$$\tau_H = \sqrt{\sigma^2 + \frac{\omega\,\delta^2}{\nu_H}}, \quad Ha = \mu_e\,\delta\,H_0 \sqrt{\frac{\varkappa}{\varrho\,\nu}}, \quad G = \mathrm{Re}\sqrt{\gamma}$$

and $D = d/d\eta$. Order estimations in the linearized original perturbation equations indicate $\hat{v}/U_\infty \sim \hat{w}/U_\infty \sim (1/\mathrm{Re})\,(\hat{u}/U_\infty)$, $\hat{h}_x/H_0 \sim R_m\,\hat{u}/U_\infty$ and $\hat{h}_y/H_0 \sim \hat{h}_z/H_0 \sim R_m\,\hat{v}/U_\infty$. The definitions of the velocity and the magnetic field are therefore given as

$$\bar{u} = \frac{\hat{u}}{U_\infty}, \quad \bar{v} = \mathrm{Re}\frac{\hat{v}}{U_\infty}, \quad \bar{w} = \mathrm{Re}\frac{\hat{w}}{U_\infty},$$
$$\bar{h}_x = \frac{1}{R_m}\frac{\hat{h}_x}{H_0}, \quad \hat{h}_y = \frac{\mathrm{Re}}{R_m}\frac{\hat{h}_y}{H_0}, \quad \hat{h}_z = \frac{\mathrm{Re}}{R_m}\frac{h_z}{H_0}. \tag{8}$$

Now we shall consider the state of neutral stability in which initial perturbations will neither amplify nor damp. The state is characterized by the condition $\omega = 0$. Eliminating $\bar{h}_x$ and $\bar{h}_y$ from (6), we finally obtain a system of differential equations for the perturbation velocities $\bar{u}$ and $\bar{v}$ under the neutral condition,

$$\{(D^2 - \sigma^2)^2 - Ha^2\,D^2\}\;\bar{u} = (D^2 - \sigma^2)\,\{(D\bar{U})\,\bar{v}\}\,, \tag{9}$$
$$\{(D^2 - \sigma^2)^2 - Ha^2\,D^2\}\;\bar{v} = -\,2\,\sigma^2\,G^2\,\bar{U}\,\bar{u}\,, \tag{10}$$

where G is the GÖRTLER parameter, Ha the HARTMANN number, and σ the non-dimensional wave number. A special case ($Ha = 0$) for (9) and (10) coincides with the classical formulas obtained by GÖRTLER [4] in the case where no magnetic field is present.

The boundary conditions at the wall ($\eta = 0$) are, in consideration of the equation of continuity (2), $\bar{u} = \bar{v} = D\bar{v} = 0$, when no slip occurs at the surface of contact. For the electrically insulating wall, $(\mathrm{rot}\,\boldsymbol{H})_y = 0$. From (5) the condition becomes $\bar{h}_x = 0$ and leads to the condition $D(D^2 - \sigma^2 - Ha^2)\,\bar{u} = 0$ in view of (6) and of no slip condition. For the perfectly conducting wall, $(\mathrm{rot}\,\boldsymbol{H})_z = 0$. The condition becomes $D\bar{h}_x = 0$ and then $D^2\bar{u} = 0$. It may be reasonable to take the other boundary conditions at a point ($\eta \to \infty$) far enough from the wall, for the longitudinal vortices will grow beyond the boundary layer. The conditions that all perturbations ($\hat{u}$, $\hat{v}$, $\hat{h}_x$ etc.) vanish at that point lead to $\bar{u} = D(D^2 - \sigma^2 - Ha^2)\,\bar{u} = \bar{v} = D\bar{v} = 0$.

3. Transformation of Perturbation Equations into Integral Equations

The instability of the laminar boundary layer for the growth of the longitudinal vortices is now reduced to an eigenvalue problem to find an eigenvalue G together with two eigenfunctions $\bar{u}(\eta)$ and $\bar{v}(\eta)$, which are determined from (9) and (10) under the boundary conditions mentioned above. For solving the eigenvalue problem, we transform the differential equations (9) and (10) into integral equations as follows:

$$\bar{u}(\eta) = -\int_0^\infty D\bar{U}(\hat{\eta})\,\bar{v}(\hat{\eta})\,(D^2 - \sigma^2)\,M_\pm(\eta, \hat{\eta})\,d\hat{\eta}\,, \tag{11}$$
$$\bar{v}(\eta) = 2\,\sigma^2\,G^2 \int_0^\infty \bar{U}(\hat{\eta})\,\bar{u}(\hat{\eta})\,N_\pm(\eta, \hat{\eta})\,d\hat{\eta}\,, \tag{12}$$

where $M_\pm(\eta, \hat{\eta})$ and $N_\pm(\eta, \hat{\eta})$ are GREEN functions, which are introduced from the reduced system of the differential equations (9) and (10) with the corresponding boundary conditions for $\bar{u}$ and $\bar{v}$. These GREEN functions for $0 \leqq \eta \leqq \hat{\eta}$ are expressed in the following forms: in the case of insulating wall

$$(D^2 - \sigma^2)\,M_-(\eta, \hat{\eta}) = \frac{Ha}{2\,(\lambda_0^2 - \lambda_s^2)}\,\{e^{-\lambda_0(\hat{\eta}-\eta)} + e^{-\lambda_s(\hat{\eta}-\eta)} - e^{-\lambda_s\eta - \lambda_0\hat{\eta}} - e^{-\lambda_0\eta - \lambda_s\hat{\eta}}\}, \tag{13}$$

as well as in the case of perfectly conducting wall

$$(D^2 - \sigma^2)\,M_-(\eta, \hat{\eta}) = \frac{Ha}{2\,(\lambda_0^2 - \lambda_s^2)}\,\{e^{-\lambda_0(\hat{\eta}-\eta)} + e^{-\lambda_s(\hat{\eta}-\eta)} - e^{-\lambda_0(\hat{\eta}+\eta)} - e^{-\lambda_s(\hat{\eta}+\eta)}\}\,, \tag{14}$$

and for the both cases

$$N_-(\eta, \hat{\eta}) = \frac{1}{2\,\lambda_0\,\lambda_s\,(\lambda_s - \lambda_0)^2}\,\{\lambda_s\,e^{-\lambda_0(\hat{\eta}+\eta)} + \lambda_0\,e^{-\lambda_s(\hat{\eta}+\eta)}\} + $$
$$+\frac{1}{2\,\lambda_0\,\lambda_s\,(\lambda_s^2 - \lambda_0^2)}\,\{\lambda_0\,e^{-\lambda_s(\hat{\eta}-\eta)} - \lambda_s\,e^{-\lambda_0(\hat{\eta}-\eta)}\} - $$
$$-\frac{1}{(\lambda_s - \lambda_0)\,(\lambda_s^2 - \lambda_0^2)}\,\{e^{-\lambda_s\hat{\eta} - \lambda_0\eta} + e^{-\lambda_0\hat{\eta} - \lambda_s\eta}\}, \tag{15}$$

in which

$$\lambda_0 = \frac{1}{2}\left(\sqrt{Ha^2 + 4\,\sigma^2} + Ha\right), \quad \lambda_s = \frac{1}{2}\left(\sqrt{Ha^2 + 4\,\sigma^2} - Ha\right). \tag{16}$$

In view of the fact that the reduced system of the differential equations (9) and (10) is self-adjoint and that the obtained Green functions are symmetry, we can introduce the Green functions $(D^2 - \sigma^2)\, M_+(\eta, \hat{\eta})$ and $N_+(\eta, \hat{\eta})$ for $\eta \geqq \hat{\eta}$ directly from the Green functions for $0 \leqq \eta \leqq \hat{\eta}$, making use of the relations

$$\begin{aligned} (D^2 - \sigma^2)\, M_+(\eta, \hat{\eta}) &= (D^2 - \sigma^2)\, M_-(\hat{\eta}, \eta)\,, \\ N_+(\eta, \hat{\eta}) &= N_-(\hat{\eta}, \eta)\,. \end{aligned} \tag{17}$$

4. Numerical Results on Neutral Stability

The simultaneous integral equations (11) and (12) were numerically solved by the method of successive approximation; that is, substituting the $(n-1)$-th approximation of the perturbation velocity (say, $\bar{v}^{(n-1)}(\eta)$) into (11), one obtains the n-th approximation $(\bar{v}/G^2)^{(n)}(\eta)$ from (12) through a calculation of $\bar{u}(\eta)$. When the both distributions $\bar{v}^{(n-1)}(\eta)$ and $(\bar{v}/G^2)^{(n)}(\eta)$ converge into a similar function after such successive approximations, the eigenvalue G^2 is determined as ratio $\bar{v}^{(n-1)}/(\bar{v}/G^2)^{(n)}$, and the two eigenfunctions $\bar{u}(\eta)$ and $\bar{v}(\eta)$ are also obtained (refered to [5]). The larger part of the calculations was carried out with the digital computer NEAC-2200/500 in the Computer Center of Tōhoku University. Although the basic velocity distribution $\bar{U}(\eta)$ in the laminar boundary layer varies with the intensity of magnetic field, the Blasius profile for a laminar boundary layer along a flat plate was used as the basic velocity distribution, because it was expected that the present instability on the longitudinal vortices would be insensible to the basic velocity profile. The insensibility for the related problems was discussed by Görtler [4] and Hämmerlin [5] in the absence of magnetic field. The fact is further verified for

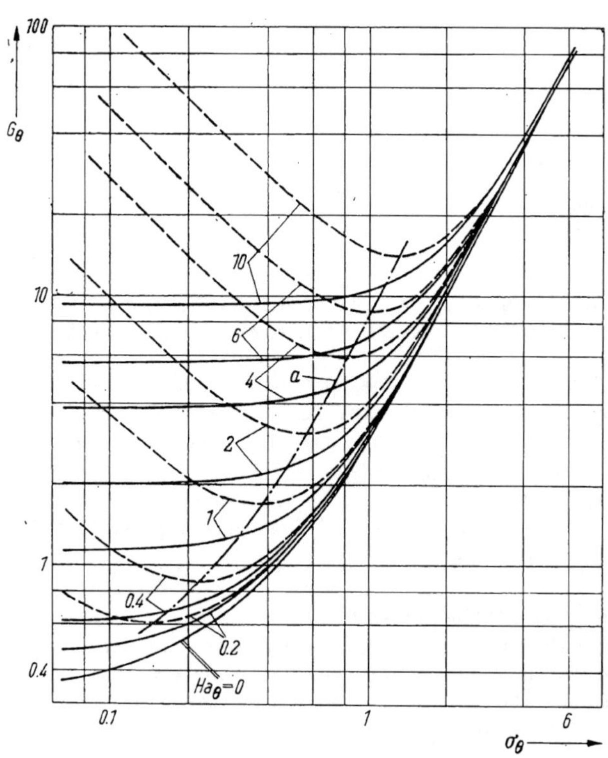

Fig. 2. Neutral stability curves in relation between Görtler parameter G_θ and wave number σ_θ for several values of the Hartmann number Ha_θ
——: electrically insulating wall
– – –: completely conducting wall

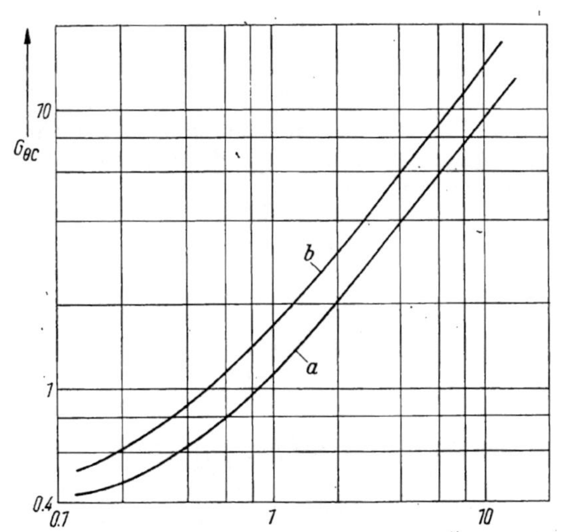

Fig. 3. Variations of critical Görtler parameter $G_{\theta c}$ with Hartmann number Ha_θ
Curve a: insulating wall   Curve b: conducting wall

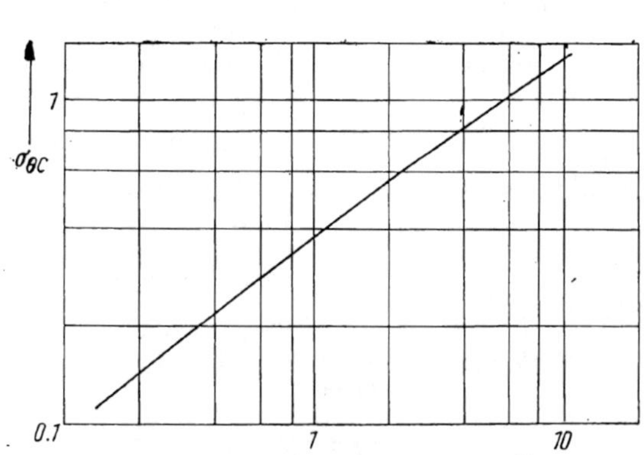

Fig. 4. Variations of critical wave number $\sigma_{\theta c}$ with Hartmann number Ha_θ in the case of conducting wall

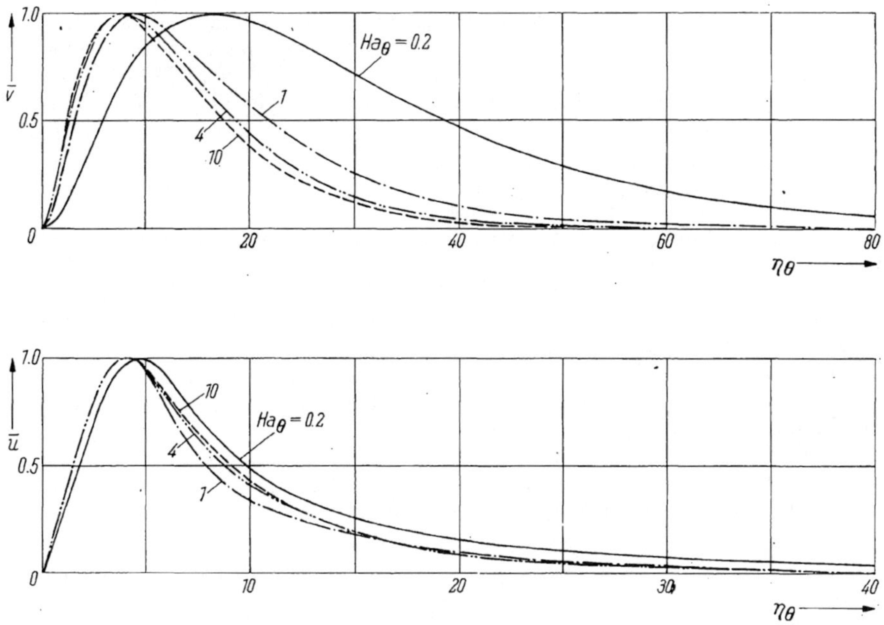

Fig. 5. Perturbation velocity distributions $\bar{u}(\eta_\theta)$ and $\bar{v}(\eta_\theta)$ under critical condition at onset of instability in the case of conducting wall

Fig. 6. Variations of perturbation velocity ratio $(\hat{v}_{max}/\hat{u}_{max})(U_\infty\,\theta/\nu)$ with wave number σ_θ and Hartmann number Ha_θ

———: insulating wall
– – –: conducting wall

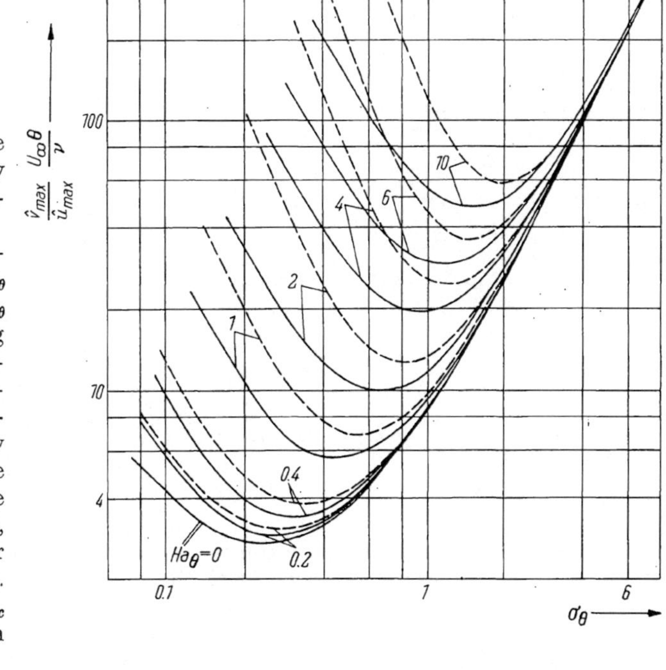

the present problem in the next section. The thickness δ of the boundary layer is given by a value of y for $U = 0.99\,U_\infty$, and the momentum thickness θ is defined as usual.

Fig. 2. shows neutral stability curves in relation of the parameter G_θ to the wave number σ_θ for several values of the Hartmann number Ha_θ in the two cases of the electrically insulating wall (with full lines) and of the completely conducting wall (with broken lines), where the subscript θ denotes the quantity based on the momentum thickness. The stable range is below the neutral stability curve for each value of the Hartmann number Ha. The curve a shows the critical state in the case of conducting wall, which is the minimum point of the parameter G_θ as a function of σ_θ for each value of Ha_θ. Variations in the critical values $G_{\theta c}$ and $\sigma_{\theta c}$ with the Hartmann number Ha_θ are shown in Figs. 3 and 4.

From these results we obtain the following: The Görtler parameter G_θ at the neutral stability condition increases with the Hartmann number Ha_θ for all ranges of the wave number σ_θ, and the increase in G_θ is more considerable at smaller σ_θ (Fig. 2). The magnetic field stabilizes the laminar boundary layer. The critical value $G_{\theta c}$ is somewhat larger in the case of better conductive solid wall (Fig. 3). This tendency is in line with the results for Taylor vortices [6]. The critical wave number $\sigma_{\theta c}$ becomes larger as the Hartmann number Ha_θ increases (Fig. 4). In the case of insulating wall, the parameter G_θ reaches the minimum as the wave number σ_θ tends to zero, as seen in Fig. 2. This behavior is in the fashion similar to the Hämmerlin's results [5] in the absence of magnetic field.

Distributions of the perturbation velocities $\bar{u}(\eta_\theta)$ and $\bar{v}(\eta_\theta)$ at the onset of the longitudinal vortices are shown in Fig. 5. These curves are obtained under the critical condition for several Ha_θ values in the case of conducting wall, where the maximum value of the velocities $\bar{v}$ and $\bar{u}$ are put to become equal to 1.0. The curves of velocity distribution $\bar{v}(\eta_\theta)$ do not change their sign. It means that the longitudinal vortices appear in only one row in the z-direction, as shown in Fig. 1. The result is the same as the one in the case where no magnetic field is present, but differs from the result in the case where the applied magnetic field is directed in the z-axis, in which the vortices appear in two or more rows at high Ha_θ-value, as indicated in [3]. Fig. 6 shows ratios $\bar{v}_{max}/\bar{u}_{max}$ of the maximum perturbation velocities. The ratio becomes larger as the HARTMANN number Ha_θ increases.

5. Effect of Basic Velocity Profile on Neutral Stability

Critical REYNOLDS number for TOLLMIEN-SCHLICHTING waves in laminar boundary layers depends strongly on the basic velocity profile in the laminar boundary layers, while the critical GÖRTLER parameter for the longitudinal vortices along the concave walls varies insensibly with a large change of the basic velocity profile in the case where no magnetic field is present, as found by Görtler [4] and HÄMMERLIN [5]. Such an effect of the basic velocity profile is again studied here in the present case.

Three typical profiles adopted are shown in Fig. 7. The curve a is called asymptotic profile, the formula of which is $U = 1 - \exp(-y/2\,\theta)$. The curve b is BLASIUS profile. The curve c is given with a function under the following three conditions: (i) $dU/dy = 0$ at $y = 0$, (ii) $d^2U/dy^2 = 0$ at $y = \delta/2$ and (iii) $U = 1$ at $y = \delta$. The velocity profile of the type a appears in a laminar boundary layer along a flat plate in a uniform flow under a condition that basic electric field E_z in the z-direction is equal to $\mu_e H_0 U_\infty$ [7], in other words, electric current far from the plate is zero, while the profile with an inflexion point (the type c) appears under a condition $E_z = 0$ [8].

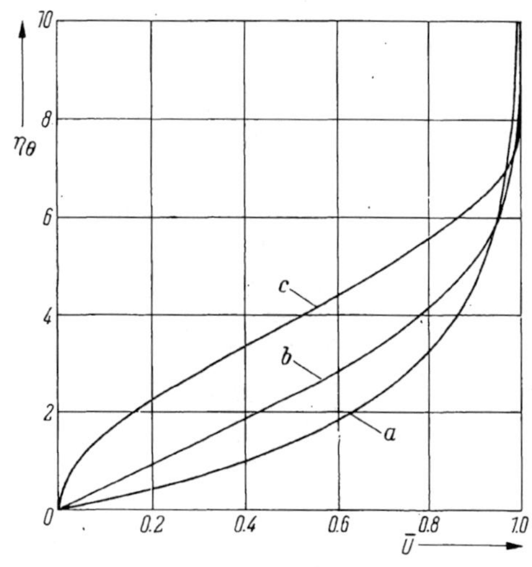

Fig. 7. Basic velocity profiles in the laminar boundary layer
Curve a: asymptotic profile
Curve b: Blasius profile
Curve c: a profile at separation point

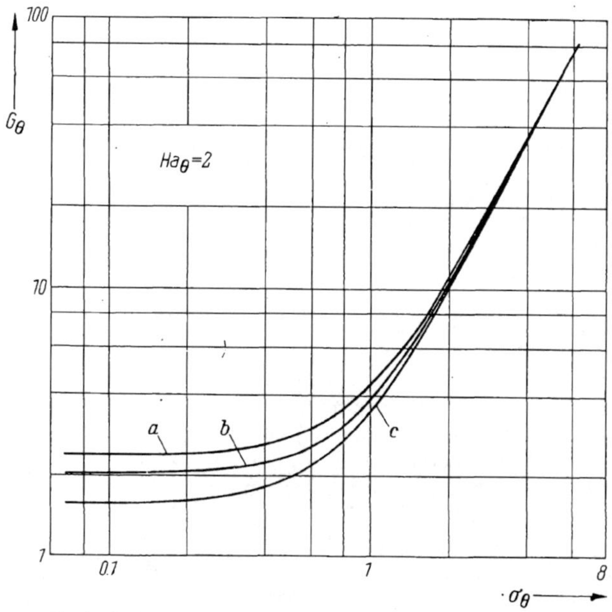

Fig. 8. Dependence of neutral stability curve on basic velocity profile at $Ha_\theta = 2$ in the case of insulating wall. Symbols a, b and c correspond to the same in figure 7.

The neutral stability curves are compared for these three profiles in Fig. 8. The deviations of the G_θ-values for the two profiles a and c from the profile b are less than 17%. These deviations are less than those in the absence of magnetic field.

6. Remarks on Effect of Parallel Magnetic Field

It will be considered here how a uniform magnetic field applied parallel to the free stream affects the present instability of laminar boundary layer. The components of a perturbed boundary layer flow are put in the same form as (5), but for the present case H_x and H_y should be expressed as

$$H_x = H_0 + \hat{h}_x(y)\, e^{\omega t} \cos\alpha z\,, \qquad H_y = \hat{h}_y(y)\, e^{\omega t} \cos\alpha z\,. \tag{18}$$

From order estimations in the fundamental equations, it is clear that non-dimensional components $\bar{u}$ and $\bar{v}$ will become the order of unity and $\bar{h}_x \sim \bar{h}_y \sim \gamma\,\bar{u}$, if they are put as

$$\bar{u} = \frac{\hat{u}}{U_\infty}, \quad \bar{v} = \mathrm{Re}\frac{\hat{v}}{U_\infty}, \quad \bar{h}_x = \frac{\mathrm{Re}}{R_m}\frac{\hat{h}_x}{H_0}, \quad \bar{h}_y = \frac{\mathrm{Re}^3}{R_m^2}\frac{\hat{h}_y}{H_0}. \tag{19}$$

Other non-dimensional quantities are the same as (7). We obtain finally the following perturbation equations:

$$(D^2 - \tau^2)\,\bar{u} = (D\bar{U})\,\bar{v} + \gamma\,\frac{Ha^2\,R_m}{\mathrm{Re}^3}\,\bar{h}_y\,,$$
$$(D^2 - \sigma^2)\,(D^2 - \tau^2)\,\bar{v} = -\,2\,\sigma^2\,G^2\,\bar{U}\,\bar{u} - 2\,\gamma\,\sigma^2\,Ha^2\,\bar{h}_x\,. \tag{20}$$

For most fluids of practical interest, the magnetic Prandtl number is small, namely $R_m \ll \mathrm{Re}$. The curvature γ of the wall is also assumed to be much less than unity. Under these conditions, the terms including the Hartmann number Ha in (20) are negligible, and the resulting equations are of the same form as those in the absence of magnetic field. It means that the uniform magnetic field parallel to the free stream affects little the three-dimensional instability of the laminar boundary layer along the concave surface under consideration.

7. Comparison of Stabilizing Effect

It is now clear that the stabilizing effect of the magnetic field is markedly different, depending on the direction of its application. In Fig. 9, the critical Görtler parameter $G_{\theta c}$ is compared in two cases where the uniform magnetic field is in the y- or the z-direction. The results of the latter case should be referred to [3]. The stabilizing effect of the magnetic field is stronger in the z-direction than in the y-direction.

The differences in the stabilizing effect due to the direction of the applied magnetic field might be considered as follows: Denoting the three components of the perturbation velocity in the x-, y- and z- directions by (u', v', w'), the component u' is large compared with the other two components v' and w'. From Fig. 6 it is roughly estimated that u' is of order of $0.1\ \mathrm{Re}_\theta\,(v', w')$. The instability occurs in such a way that a perturbation $\varrho\,U\,u'/R_0$ of the centrifugal force in the laminar boundary layer disturbs the equilibrium between forces in the y-direction, and the perturbation velocities v' and w' are then induced. If the magnetic field H_0 is directed to the z-axis, a stabilizing force, which directs opposite to u' and suppresses the disturbance u', is induced by an interaction of an induced electric current $\varkappa\,\mu_e\,H_0\,u'$ and the magnetic induction $\mu_e\,H_0$. Another stabilizing force, due to $\varkappa\,\mu_e\,H_0\,v'$ and $\mu_e\,H_0$, directs to the y-axis. On the other hand, if the magnetic field H_0 is applied in the y-direction, the one stabilizing force suppresses the disturbance u', but the other force, due to $\varkappa\,\mu_e\,H_0\,w'$ and $\mu_e\,H_0$, does not directly affect the disturbance v' but contributes to the stability through the suppression of the disturbance w'. In the case of the magnetic field applied in the x-direction the field induces no force suppressing the disturbance u' and thereforce affects little the stability of the boundary layer.

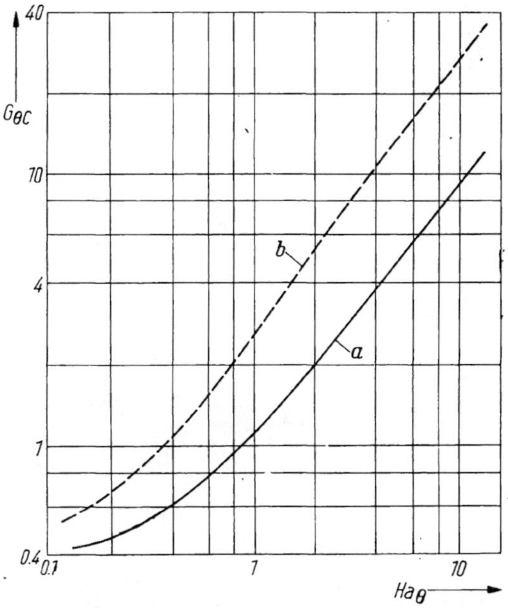

Fig. 9. Comparison of critical Görtler parameter $G_{\theta c}$ as a function of Hartmann number Ha_θ for the two case of the direction of applied magnetic field (insulating wall)
Curve a: uniform magnetic field in the y-direction,
Curve b: uniform magnetic field in the z-direction

8. Conclusions

For an electrically conductive incompressible laminar boundary layer along the concave wall, it was theoretically considered how a uniform magnetic field, applied normal to the solid wall or parallel to the free stream, affects the instability on longitudinal vortices in the laminar boundary layer.

The results are summarized as follows:

(1) The neutral stability curves were given in Fig. 2 in relation to the Hartmann number Ha_θ in the case where the magnetic field is applied in the direction normal to the solid wall. The critical Görtler parameter $G_{\theta c}$ increases as the Hartmann number Ha_θ increases (Fig. 3), and the laminar boundary layer is stabilized.

(2) The stabilizing effect is stronger in the case of magnetic field directed to the z-axis than that to the y-axis (Fig. 9). A magnetic field parallel to the free stream affects little the present instability.

(3) Effect of the basic velocity profile on the present instability problem is of the same order as that in the absence of magnetic field (Fig. 8).

References

1 Rossow, V. J., Boundary-Layer Stability Diagrams for Electrically Conducting Fluid in the Presence of a Magnetic Field, NACA, TN 4282, 1958.

2 Chang, T. S. and Sartory, W. K., Hydromagnetic Görtler Instability in a Boundary Layer on a Concave Wall, Oak Ridge Nat. Lab., Tenn., ORNL-P-3297, 1967.

3 KOBAYASHI, R., Instabilität laminarer Grenzschichten an konkaven Wänden im transversalen Magnetfeld, Ing.-Arch., **38**, S. 292–299 (1969), and also Rep. Inst. High Speed Mech., Tohoku Univ., Japan, **22**, pp. 91–108 (1970).
4 GÖRTLER, H., Über eine dreidimensionale Instabilität laminarer Grenzschichten an konkaven Wänden, Nachr. Ges. Wiss. Göttingen, Math.-Phys. Klasse, neue Folge, Fachgruppe I, **2**, Nr. 1, S. 1–26.
5 HÄMMERLIN, G., Über das Eigenwertproblem der dreidimensionalen Instabilität laminarer Grenzschichten an konkaven Wänden, J. Rat. Mech. Anal., **4**, S. 279–321 (1955).
6 CHANDRASEKHAR, S., Hydrodynamic and Hydromagnetic Stability, Oxford Univ. Press, London 1961, pp. 382–427.
7 LEWIS, E., The Solution of a MHD Problem Using a Numerical Method Devised by Raetz, Quart. J. Mech. Appl. Math., **21**, pp. 401–411 (1968).
8 ROSSOW, V. J., On Flow of Electrically Conducting Fluids over a Flat Plate in a Presence of a Transverse Magnetic Field, NACA, Tech. Rep. 1358, 1958.

Manuskripteingang: 4. 8. 1971

Anschrift: Prof. Dr. R. KOBAYASHI, Institute of High Speed Mechanics, Tohoku University, Sendai, Japan

ZAMM 52, 345 – 352 (1972)

Investigations Concerning Heat Transfer Involving Conical Structures

By F. OBERHETTINGER*) and R. F. DRESSLER**)

Das in dem Gebiet zwischen zwei endlichen koaxialen Kreiskegeln herrschende Temperaturfeld wird im isothermischen und im adiabatischen Fall untersucht, wobei die Temperaturverteilung als rotationssymmetrisch bezüglich der Achse angenommen wird.

The temperature field inside a region consisting of two coaxial finite circular cones is investigated. Both the isothermic and the adiabatic case is considered and the temperature distribution is assumed to be of rotational symmetry with respect to the axis.

Исследуется температурное поле, существующее в области между двумя конечными соосными круговыми конусами для изотермического и адиабатического случая. При этом принимается осесимметрическое распределение температуры.

I. Introduction

The problem considered here is the solution of the heat conduction equation $K\,\Delta u = \partial u/\partial t$ for a homogeneous solid in a region bounded by two finite coaxial circular cones of equal slant height a, terminated by a spherical cap of a radius a (equal to the slant height). The half opening angles of the cones be ϑ_0 and ϑ_1 for the outer and inner cone respectively. If spherical coordinates r, φ, ϑ are introduced the domain under consideration is characterized by $0 \leqq r \leqq a$; $\vartheta_1 \leqq \vartheta \leqq \vartheta_0$; $0 \leqq \varphi \leqq 2\pi$.

The boundary conditions considered here are $u = 0$ (isothermic case) and $\partial u/\partial n = 0$ (adiabatic case) at the boundaries $r = a$ and $\vartheta = \vartheta_0, \vartheta_1$. The initial temperature distributions be independent of φ. The temperature at a time $t = 0$ will then likewise be independent of φ. The problem is solved by considering at first the temperature field produced by an instantaneous point source at $t = 0$ (heat pole) which is given by the two GREEN's functions (depending on the boundary conditions). From this the temperature field due to a ring source (consisting of a uniform distribution of heat poles along the circumference of a circle) is established. The two GREEN's functions are obtained by a process connecting solutions of the heat equation with thoses of HELMHOLTZ's equation $\Delta u + k^2 u = 0$. This is to say that at first the GREEN's functions for HELMHOLTZ's equation by means of its eigenvalues and eigenfunctions are established and from these the corresponding GREEN's functions for the heat equation are obtained. This procedure represents a direct approach for the solution of the problem in question. Different methods were used in investigations by CARSLAW [2, p. 385] and by MUKI and STERNBERG [5]. Both investigations involve a single semiinfinite conical structure. The methods employed there are based upon contour integral and integral transform methods respectively. Also considered here are the special cases

1. $\vartheta_1 = 0$ (single finite cone of half opening angle ϑ_0),
2. $\vartheta_1 = 0$ and slant height $a \to \infty$ (single semi infinite cone of half opening angle ϑ_0),
3. $a \to \infty$ (double infinite cone of half opening angles ϑ_1 and ϑ_0).

With the ring source field established the case of an arbitrary given initial temperature distribution of rotational symmetry can be obtained by an integration over all ring sources.

II. A Connection Between the Heat Conduction- and Helmholtz's Equation

A solution of HELMHOLTZ's equation $\Delta u + k^2 u = 0$ depending on the distance between two points P (point of observation) and Q (location of a point source) is

$$u = -\frac{1}{4\pi}\frac{e^{-ik\overline{PQ}}}{\overline{PQ}}$$

($\overline{PQ}$ is the distance between P and Q). This expression is commonly referred to as the free space GREEN's function of a point source of unit strength. Upon replacing k by $-i\gamma$ one obtains

$$\Delta u - \gamma^2 u = 0 \tag{1}$$

with the free space GREEN's function

$$u = -\frac{1}{4\pi}\frac{e^{-\gamma\overline{PQ}}}{\overline{PQ}}. \tag{2}$$

*) Oregon State University (Dept. of Mathematics) Corvallis, Oregon, U.S.A.

**) City University of New York, New York, U.S.A. Supported by the National Science Foundation (Mathematics Science Section, Grants, G. P. 24619)

Similarly for the heat conduction equation

$$\Delta u = \frac{1}{K}\frac{\partial u}{\partial t} \qquad (K \text{ is a positive constant}) \tag{3}$$

the free space GREEN's function for an instantaneous point source of unit strength at the time $t = 0$ located at a point Q (heat pole) is [6, p. 59]

$$u = (4\pi K t)^{-3/2}\, e^{-\frac{(\overline{PQ})^2}{4Kt}}. \tag{4}$$

A connection between (2) and (4) for the free space GREEN's function of a point source regarding $\Delta u - \gamma^2 u = 0$ and $\Delta u = \frac{1}{K}\frac{\partial u}{\partial t}$ can be constructed as follows: The well known integral expression for the modified HANKEL function

$$2\left(\frac{Z}{\alpha}\right)^{1/2\,\nu} K_\nu\left(2\sqrt{z\alpha}\right) = \int_0^\infty e^{-zt}\, e^{-\alpha/t}\, t^{-\nu-1}\, dt, \qquad \operatorname{Re} z > 0,\ \operatorname{Re}\alpha > 0 \tag{5}$$

is used with $\nu = 1/2$. Since $K_{1/2}(z) = \left(\frac{\pi}{2z}\right)^{1/2} e^{-z}$

it results

$$\sqrt{\frac{\pi}{\alpha}}\, e^{-\sqrt{2z\alpha}} = \int_0^\infty e^{-zt}\, e^{-\alpha/t}\, t^{-3/2}\, dt, \qquad \operatorname{Re} z > 0,\ \operatorname{Re}\alpha > 0.$$

Replacing z by $\gamma/4$ and α by $(\overline{PQ})^2$ and furthermore making the substitution $t = 4Kx$ it results.

$$-\frac{1}{4\pi}\frac{e^{-\overline{PQ}\sqrt{\gamma}}}{\overline{PQ}} = -\int_0^\infty (4\pi K t)^{-3/2}\, e^{-\frac{(\overline{PQ})^2}{4Kt}}\, e^{-(\gamma K)t}\, dt, \qquad \operatorname{Re}\gamma > 0. \tag{6}$$

The integral in (6) is a LAPLACE transform integral of the type

$$\int_0^\infty F(t)\, e^{-st}\, dt, \quad \text{with} \quad s = \gamma K \quad \text{and} \quad F(t) = -(4\pi K t)^{-3/2}\, e^{-\frac{(\overline{PQ})^2}{4Kt}}. \tag{7}$$

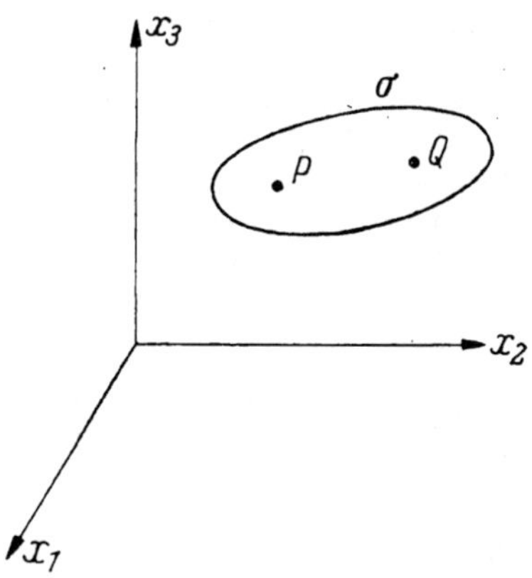

Fig. 1

The left side expression in (6) represents (2) with γ replaced by $\sqrt{\gamma}$ while $F(t)$ in the LAPLACE integral of (6) represents the negative value of (4). The relation (6) represents the desired connection between the two free space GREEN's functions for a point source of $\Delta u - \gamma^2 u = 0$ and $K\,\Delta u = \partial u/\partial t$. Vice versa (4) can be expressed as the inverse LAPLACE transform of (2) with respect to γ as

$$(4\pi K t)^{-3/2}\, e^{-\frac{(\overline{PQ})^2}{4Kt}} = -L_\gamma^{-1}\left\{-\frac{1}{4\pi}\frac{e^{-\sqrt{\gamma}\,\overline{PQ}}}{\overline{PQ}}\right\}_{t\to Kt} \tag{8}$$

where $L_\gamma^{-1}\{\,\}_{t\to Kt}$ means that having established the LAPLACE inversion the parameter t has to be replaced by $K t$. This means that the free space GREEN's function for an instantaneous point source (heat pole) can be obtained from the free space GREEN's function of a point source for $\Delta u - \gamma^2 u = 0$ by the LAPLACE inversion process as indicated in (8). We consider now the interior domain of a closed surface σ. The two GREEN's functions are then defined by

a) for the equation $\Delta u - \gamma^2 u = 0$

$G = G(P, Q; \gamma)$ with

I. $\Delta G - \gamma^2 G = 0$, everywhere inside σ save if P is at Q. (The differentiation Δ is taken with respect to the coordinates of the point of observation P)

II. $G(P, Q; \gamma) + \frac{1}{4\pi\,\overline{PQ}}$ regular inside σ.

III. $G_1 = 0$ or $\frac{\partial G_2}{\partial n} = 0$. For the first and second GREEN's function respectively. $\partial/\partial n$ means the normal derivative regarding σ if P is on σ.

b) for the equation $K\,\Delta u = \partial u/\partial t$

$g = g(P, Q; t)$

I. $K\,\Delta g = \partial u/\partial t$ everywhere inside σ for $t > 0$.

II. For $t \doteq 0$, $g = 0$ everywhere inside σ except when P is at Q in which case g has the character of an instantaneous point source.

III. $g_1 = 0$ (isothermic boundary condition) or $\partial g_2/\partial n = 0$ (adiabatic boundary condition) if P is on σ.

Physically $g(P, Q; t)$ represents the temperature field in a point P at the time t which is produced by an instantaneous point source at $t = 0$ located at Q. If the initial temperature distribution inside σ is given by $f(Q)$ then

$$u(P, Q; t) = \int f(Q)\, g(P, Q; t)\, d\tau_Q . \tag{9}$$

The integration is taken over all points Q inside σ and $d\tau_Q$ is a volume element at Q. It is then concluded by (8) that if GREEN's function $G(P, Q; \gamma)$ for $\Delta u - \gamma^2 u = 0$ is known the GREEN's function $g(P, Q; t)$ for the heat equation is obtained by

$$g(P, Q; t) = - L_\gamma^{-1} \{G(P, Q; \sqrt{\gamma})\}_{t \to K t} . \tag{10}$$

A representation for $G(P, Q, \sqrt{\gamma})$ can for instance be given by the expansion formula [6, p. 183]

$$G(P, Q; \sqrt{\gamma}) = - \sum_l \frac{u_l(P)\, \overset{*}{u}_l(Q)}{\gamma + k_l^2} . \tag{11}$$

Here the k_l are the eigenvalues and the u_l are the *normalized* eigenfunctions of the domain under consideration and $\overset{*}{u}_l$ means the conjugate property of u_l. The sum in (11) represents in general a triple sum. Hence, by (10) and (11) since

$$L_\gamma^{-1} \left\{\frac{1}{\gamma + k_l^2}\right\}_{t \to K t} = e^{-K k_l^2 t}$$

an explicit expression for $g(P, Q; t)$ in terms of the eigenvalues and eigenfunctions for $\Delta u + k^2 u = 0$ (HELMHOLTZ's equation) can be given as

$$g(P, Q; t) = \sum_l u_l(P)\, \overset{*}{u}_l(Q)\, e^{-K k_c^2 t} . \tag{12}$$

III. Ring Source Inside a Domain Bounded by two Finite Coaxial Cones

The domain under consideration is the space between two coaxial finite cones with the axis coincident with the x_3 axis. The whole configuration is terminated by a spherical cap. The radius of the spherical cap is equal to the (common) slant height a of both cones. The half opening angles of the cones be ϑ_0 for the outer and ϑ_1 for the inner cone. If spherical coordinates are introduced the the domain under consideration is given by

$$0 \leqq r \leqq a ; \quad 0 \leqq \varphi \leqq 2\pi ; \quad \vartheta_1 \leqq \vartheta \leqq \vartheta_0 .$$

The temperature field is produced by a uniform distribution of heat poles along the peripherie of a circle. The plane of the circle is parallel to the x_1, x_2-plane and its center is on the x_3 axis. The strength of the ring source be one per unit length.

In order to establish the eigenvalues and the eigenfunctions of HELMHOLTZ's equation $\Delta u + k^2 u = 0$ written in spherical coordinates one uses the method of the separation of the variables $u = f_1(r) f_2(\vartheta) f_3(\varphi)$. This leads to the set of ordinary differential equations

$$\frac{1}{r}\frac{d^2}{dr^2}(r f_1) + \left[k^2 - \frac{\nu(\nu+1)}{r^2}\right] f_1 = 0 ,$$

$$\frac{d^2 f_2}{d\vartheta^2} + \cot\vartheta \frac{d f_2}{d\vartheta} + \left[\nu(\nu+1) - \frac{\mu^2}{\sin^2\vartheta}\right] f_2 = 0 ,$$

$$\frac{d^2 f_3}{d\varphi^2} + \mu f_3 = 0 .$$

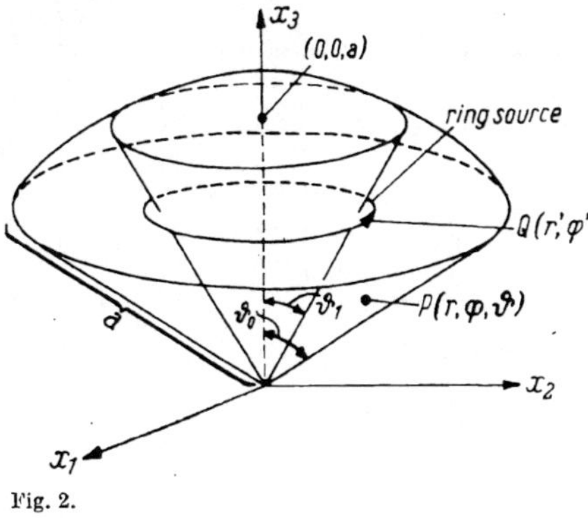

Fig. 2.

Here ν and μ are so far arbitrary separation parameters. The differential equation for f_1 involves as solutions BESSEL functions of the order $\nu + 1/2$. The second is LEGENDRE's differential equation while the solution for f_3 is

$$f_3(\varphi) = e^{\pm i \mu \varphi} .$$

For the time being φ' is chosen to be zero, this means that the source point is above the x_1 axis. Then $f_3(\varphi)$ is an even function of φ, periodic in φ of period 2π,

$$f_3(\varphi) = \cos(m\varphi) , \quad m = 0, 1, 2, \ldots .$$

A solution of $f_1(r)$ which remains finite at $r = 0$ is

$$f_1(r) = r^{-(1/2)} J_{\nu + (1/2)}(k r)$$

provided $\operatorname{Re} \nu \geqq 0$ since the behavior of $f_1(r)$ near $r = 0$ is r^ν. A solution for $f_2(\vartheta)$ which is finite for $\vartheta_0 \leqq \vartheta \leqq \vartheta_1$ is

$$f_2(\vartheta) = P_\nu^m(\cos \vartheta) + c\, P_\nu^m(-\cos \vartheta)\,.$$

Hence one obtains for the solution u if ν is replaced by $\nu - 1/2$

$$u = \cos(m\,\varphi)\, r^{-(1/2)}\, J(_\nu k\, r)\, [P_{\nu-(1/2)}^m(\cos \vartheta) + c\, P_{\nu-(1/2)}^m(-\cos \vartheta)]\,. \tag{13}$$

Here c is an integration constant and the definition of the LEGENDRE functions is the same as in [3, vol. 1, p. 120]. The boundary conditions require $u = 0$ on the boundary for the *isothermic* case, i.e. $u = 0$ for $r = a$ and $u = 0$ for $\vartheta = \vartheta_0, \vartheta_1$. The first condition leads to

$$J_\nu(k\, a) = 0\,, \qquad k = k_{n,\nu} = \frac{\tau_{n,\nu}}{a}$$

where $\tau_{n,\nu}$ is the n-th positive root of $J_\nu(x) = 0$ (it will be shown subsequently that the case considered here leads to real roots only). The second condition leads to

$$P_{\nu-(1/2)}^m(\cos \vartheta_0) + c\, P_{\nu-(1/2)}^m(-\cos \vartheta_0) = 0\,, \qquad P_{\nu-(1/2)}^m(\cos \vartheta_1) + c\, P_{\nu-(1/2)}^m(-\cos \vartheta_1) = 0\,.$$

Therefore

$$c = -\frac{P_{\nu-(1/2)}^m(\cos \vartheta_0)}{P_{\nu-(1/2)}^m(-\cos \vartheta_0)} = -\frac{P_{\nu-(1/2)}^m(\cos \vartheta_1)}{P_{\nu-(1/2)}^m(-\cos \vartheta_1)}\,. \tag{14}$$

From this follows

$$P_{\nu-(1/2)}^m(\cos \vartheta_0)\, P_{\nu-(1/2)}^m(-\cos \vartheta_1) - P_{\nu-(1/2)}^m(\cos \vartheta_1)\, P_{\nu-(1/2)}^m(-\cos \vartheta_0) = 0\,. \tag{15}$$

This is a transcendental equation for the determination of ν for fixed m, ϑ_0, ϑ_1. Since $P_{\nu-(1/2)}^m(x) = P_{-\nu-(1/2)}^m(x)$ it is sufficient to consider the positive solutions of (15) only. The eigenvalues become then

$$k_{n,m,l} = \frac{\tau_{n,\nu}}{a}\,, \qquad \nu = \alpha_{m,l}\,. \tag{16}$$

$\alpha_{m,l}$ denotes the l-th positive root of (15). It is clear that all the roots of (15) are real. This follows from the following consideration: It is known [6, p. 170] that all eigenvalues are real. This implies by (16) that all $\tau_{n,\nu}$ are real. By a theorem by LOMMEL [7, Ch. 15] $J_\nu(x)$ has real roots exclusively only if ν is real. Hence the $\alpha_{m,l}$ are likewise real by (16). Since the r dependency of u by (13) for small r is proportional to $r^{-(1/2)+\nu}$ it follows from the finiteness condition for u that the $\alpha_{m,l} \geqq 1/2$. Upon insertion one of the values for c given by (14) into (13) the non normalized eigenfunctions become

$$u_{n,m,l} = \cos(m\,\varphi)\, J_\nu\left(\tau_{n,\nu}\frac{r}{a}\right) r^{-(1/2)}\, [P_{\nu-(1/2)}^m(\cos \vartheta)\, P_{\nu-(1/2)}^m(-\cos \vartheta_0) -$$
$$- P_{\nu-(1/2)}^m(\cos \vartheta_0)\, P_{\nu-(1/2)}^m(-\cos \vartheta)]\,. \tag{17}$$

A factor $[P_{\nu-(1/2)}^m(-\cos \vartheta_0)]^{-1}$ has been omitted since it is of no consequence for the normalization process. The normalized eigenfunctions $v_{n,m,l}$ are then

$$v_{n,m,l} = \frac{u_{n,m,l}}{N} \qquad \text{with} \qquad N^2 = \int_{\varphi=0}^{2\pi} \int_{r=0}^{a} \int_{\vartheta=\vartheta}^{\vartheta_0} u_{n,m,l}^2\, r^2 \sin \vartheta\, dr\, d\vartheta\, d\varphi\,.$$

Now,

$$\int_0^{2\pi} \cos^2(m\,\varphi)\, d\varphi = \frac{2\,\tau}{\varepsilon_m}\,, \qquad \varepsilon_m = 2 \text{ if } m = 1, 2, 3, \ldots\,; \quad \varepsilon_0 = 1\,.$$

The integration over r becomes

$$\int_0^a r\, J_\nu^2\left(\tau_{n,\nu}\frac{r}{a}\right) dr = 1/2\, a^2\, J_{\nu+1}^2(\tau_{n,\nu})\,.$$

This result follows from [3, vol. 2, formula (10)] observing that $J_\nu(\tau_{n,\nu}) = 0$. Finally

$$\int_{\vartheta_1}^{\vartheta_0} [P_{\nu-(1/2)}^m(\cos \vartheta)\, P_{\nu-(1/2)}^m(-\cos \vartheta_0) - P_{\nu-(1/2)}^m(-\cos \vartheta)\, P_{\nu-(1/2)}^m(\cos \vartheta_0)]^2 \sin \vartheta\, d\vartheta$$

can be obtained from the formulas on page 169 of [3, vol 1]. The details are omitted here. They require some lengthy but elementary operations. One obtains finally for the normalized eigenfunctions

$$v_{n,m,l} = \frac{\sqrt{\varepsilon_m}\, \cos(m\,\varphi)\, J_\nu\left(\tau_{n,\nu}\frac{r}{a}\right) A_\nu^m(\vartheta)}{[r\,\pi\, B(m, \nu, \vartheta_0, \vartheta_1)]^{1/2}\, a\, J_{\nu+1}(\tau_{n,\nu})} \tag{18}$$

with

$$A_\nu^m(\vartheta) = P_{\nu-(1/2)}^m(\cos\vartheta)\, P_{\nu-(1/2)}^m(-\cos\vartheta_0) - P_{\nu-(1/2)}^m(-\cos\vartheta)\, P_{\nu-(1/2)}^m(\cos\vartheta_0) \tag{19}$$

$$\begin{aligned}B(m,\nu,\vartheta_0,\vartheta_1) = -\frac{1}{2\nu}\Big\{\Big(\frac{1}{2}-\nu\Big)[A_\nu^m(\vartheta_0)\, A_\nu^{m-1}(\vartheta_0)\sin\vartheta_0 - A_\nu^m(\vartheta_1)\, A_\nu^{m-1}(\vartheta_1)\sin\vartheta_1] + \\ +\Big(\frac{1}{2}+\nu\Big)\Big[A_\nu^m(\vartheta_0)\frac{d}{d\nu}(A_\nu^m(\vartheta_1)) - A_\nu^m(\vartheta_0)\frac{d}{d\nu}(A_{\nu-1}^m(\vartheta_0)) - A_{\nu-1}^m(\vartheta_1)\frac{d}{d\nu}(A_\nu^m(\vartheta_1)) + \\ + A_\nu^m(\vartheta_1)\frac{d}{d\nu}(A_{\nu-1}^m(\vartheta_1))\Big]\Big\},\end{aligned} \tag{20}$$

$$\nu = \alpha_{m,l}, \qquad \frac{d}{d\nu}(A_\nu^m(\vartheta)) = \left[\frac{d}{d\nu}(A_\nu^m(\vartheta))\right]_{\nu=\alpha_{m,l}}.$$

Substituting (18) into the expansion (11) and replacing φ by $\varphi - \varphi'$ (which means that the source point Q has the coordinates r', φ', ϑ') GREEN's first function of $\Delta u - \gamma^2 u = 0$ for the domain $0 \leqq r \leqq a$; $\vartheta_1 \leqq \vartheta \leqq \vartheta_0$; $0 \leqq \varphi \leqq 2\pi$ is represented by the triple sum

$$G(P, Q; \gamma) = -\frac{(r\,r')^{-(1/2)}}{\pi a^2}\sum_{l=1}^{\infty}\sum_{n=1}^{\infty}\sum_{m=0}^{\infty}\varepsilon_m\cos[m(\varphi-\varphi')]\frac{J_\nu\left(\tau_{n,\nu}\frac{r}{a}\right)J_\nu\left(\tau_{n,\nu}\frac{r'}{a}\right)A_\nu^m(\vartheta)\,A_\nu^m(\vartheta')}{J_{\nu+1}^2(\tau_{n,\nu})\,B(m,\nu,\vartheta_0,\vartheta_1)\left[\gamma^2+\left(\frac{\tau_{n,\nu}}{a}\right)^2\right]}. \tag{21}$$

Furthermore the first GREEN's function for the heat equation is obtained by (12) and (18) to be

$$g(P, Q; t) = \frac{(r\,r')^{-(1/2)}}{\pi a^2}\sum_{l=1}^{\infty}\sum_{n=1}^{\infty}\sum_{m=0}^{\infty}\varepsilon_m\cos[m(\varphi-\varphi')]\frac{J_\nu\left(\tau_{n,\nu}\frac{r}{a}\right)J_\nu\left(\tau_{n,\nu}\frac{r'}{a}\right)A_\nu^m(\vartheta)\,A_\nu^m(\vartheta')}{J_{\nu+1}^2(\tau_{n,\nu})\,B(m,\nu,\vartheta_0,\vartheta_1)}\,e^{-K\,t\,k_{n,m,l}^2}. \tag{22}$$

The ring source field is then obtained integrating over φ from 0 to 2π. It is clear from (21) and (22) that in the m summation only the term $m = 0$ gives a contribution. The sums (21) and (22) reduce then to double sums. The solution for a ring excitation is then instead of (21) and (22) respectively

$$U(P, Q; \gamma) = -\frac{2\,(r\,r')^{-(1/2)}}{a^2}\sum_{l=1}^{\infty}\sum_{n=1}^{\infty}\frac{J_\nu\left(\tau_{n,\nu}\frac{r}{a}\right)J_\nu\left(\tau_{n,\nu}\frac{r'}{a}\right)A_\nu(\vartheta)\,A_\nu(\vartheta')}{J_{\nu+1}^2(\tau_{n,\nu})\,B(0,\nu,\vartheta_0,\vartheta_1)\left[\gamma^2+\left(\frac{\tau_{n,\nu}}{a}\right)^2\right]}, \tag{23}$$

$$u(P, Q; t) = \frac{2\,(r\,r')^{-(1/2)}}{a^2}\sum_{l=1}^{\infty}\sum_{n=1}^{\infty}\frac{J_\nu\left(\tau_{n,\nu}\frac{r}{a}\right)J_\nu\left(\tau_{n,\nu}\frac{r'}{a}\right)A_\nu(\vartheta)\,A_\nu(\vartheta')}{J_{\nu+1}^2(\tau_{n,\nu})\,B(0,\nu,\vartheta_0,\vartheta_1)}\,e^{-K\,t\,k_{n,m,l}^2}. \tag{24}$$

In (23), (24) $Q(r', \vartheta')$ characterizes the location of the ring source (Fig. 2) and u and U are independent of φ; furthermore $\nu = \alpha_{l,m}$ with $m = 0$. It is customary to omit in the expressions (19) and (20) the upperscript 0 in the terms involving the LEGENDRE functions. The eigenvalues $k_{n,m,l}$ are given by (16). The solution of the heat conduction problem as given by (24) can be simplified. Besides this expression is not suitable if the limiting case $a \to \infty$ (semi infinite double cone) is considered. For this purpose a series expansion in the form of a BESSEL–FOURIER series is considered [3, col. 2, p. 104].

$$\frac{\pi\,J_\nu(x\,z)}{4\,J_\nu(z)}[J_\nu(z)\,Y_\nu(Xz) - J_\nu(Xz)\,Y_\nu(z)] = \sum_{n=1}^{\infty}J_\nu(x\,\tau_{n,\nu})\,J_\nu(X\,\tau_{n,\nu})\,[J_{\nu+1}(\tau_{n,\nu})]^{-2}\,(z^2-\tau_{n,\nu}^2)^{-1}, \tag{25}$$

$$0 \leqq x \leqq X \leqq 1,$$

and the same formula with x and X interchanged if $0 \leqq X \leqq x \leqq 1$. Again, the property $\tau_{\nu,n}$ is the n-th positive root of $J_\nu(x) = 0$. It is desirable to rewrite (25) observing the relation of the second HANKEL function with the BESSEL and the NEUMANN function

$$H_\nu^{(2)}(x) = J_\nu(x) - i\,Y_\nu(x)$$

then

$$\frac{\pi\,i\,J_\nu(x\,z)}{4\,J_\nu(z)}[J_\nu(z)\,H_\nu^{(2)}(X\,z) - J_\nu(X\,z)\,H_\nu^{(2)}(z)] = \sum_{n=1}^{\infty}J_\nu(x\,\tau_{n,\nu})\,J_\nu(X\,\tau_{n,\nu})\,[J_{\nu+1}(\tau_{n,\nu})]^{-2}\,(z^2-\tau_{n,\nu}^2)^{-1}. \tag{26}$$

Also if in (26) z is replaced by $-iz$ it follows remembering

$$J_\nu(-iz) = e^{-i(\pi/2)\nu} I_\nu(z); \qquad H_\nu^{(2)}(-iz) = \frac{2i}{\pi} e^{i(\pi/2)\nu} K_\nu(z).$$

(The I_ν and the K_ν are the modified BESSEL functions)

$$\frac{1}{2}\frac{I_\nu(xz)}{I_\nu(z)}[I_\nu(z)K_\nu(Xz) - I_\nu(Xz)K_\nu(z)] = \sum_{n=1}^{\infty} J_\nu(x\tau_{n,\nu}) J_\nu(X\tau_{n,\nu})[J_{\nu+1}(\tau_{n,\nu})]^{-2}(z^2+\tau_{n,\nu}^2)^{-1}, \tag{27}$$

$$0 \leqq x \leqq X \leqq 1.$$

Returning to (23) one observes that the summation over n can be carried out by (27). Therefore

$$U(P, Q; \gamma) = -(r r')^{-(1/2)} \sum_{l=1}^{\infty} \frac{A_\nu(\vartheta) A_\nu(\vartheta')}{B(0,\nu,\vartheta_0,\vartheta_1)} \frac{I_\nu(\gamma r)}{I_\nu(\gamma a)} [I_\nu(\gamma a) K_\nu(\gamma r') - I_\nu(\gamma r') K_\nu(\gamma a)] \tag{28}$$

$$r < r', \qquad \nu = \alpha_{l,m}, \qquad m = 0$$

with r and r' interchanged if $r > r'$.

To obtain the solution for the corresponding heat conduction problem by means of (10) one has to replace γ by $\sqrt{\gamma}$ in (28) and to obtain its inverse LAPLACE-transform regarding γ. It does not seem possible to obtain this result in a closed form. However, in the case of a semiinfinite double cone ($\lim a \to \infty$) the expression (28) becomes

$$[U(P, Q; \gamma)]_{a\to\infty} = -(r r')^{-(1/2)} \sum_{l=1}^{\infty} \frac{A_\nu(\vartheta) A_\nu(\vartheta')}{B(0,\nu,\vartheta_0,\vartheta_1)} I_\nu(\gamma r) K_\nu(\gamma r'), \qquad r < r'. \tag{29}$$

MACDONALDS formula (3, vol. 2, p. 53) can be written as

$$2I_\nu(\alpha\sqrt{\gamma}) K_\nu(\beta\sqrt{\gamma}) = \int_0^\infty e^{-\gamma t} e^{-\frac{\alpha^2+\beta^2}{4t}} I_\nu\left(\frac{\alpha\beta}{2t}\right) t^{-1}\, dt, \qquad \operatorname{Re}\gamma > 0, \qquad 0 < \alpha \leqq \beta.$$

From this follows

$$L_\gamma^{-1}\{I_\nu(\alpha\sqrt{\gamma}) K_\nu(\beta\sqrt{\gamma})\} = \frac{1}{2} e^{-\frac{\alpha^2+\beta^2}{4t}} t^{-1} I_\nu\left(\frac{\alpha\beta}{2t}\right). \tag{30}$$

Hence by (10) and (29) the solution for the conduction of heat inside a semiinfinite double cone becomes

$$[u(P, Q; t)]_{a\to\infty} = \frac{1}{2}(r r')^{-(1/2)} t^{-1} e^{-\frac{r^2+r'^2}{4t}} \sum_{l=1}^{\infty} \frac{A_\nu(\vartheta) A_\nu(\vartheta')}{B(0,\nu,\vartheta_0,\vartheta_1)} I_\nu\left(\frac{r r'}{2t}\right) \qquad \nu = \alpha_{l,m}; \qquad m = 0. \tag{31}$$

Special case $\vartheta_1 = 0$

For $\vartheta_1 = 0$ the conical structure consists of a single cone of slant height a terminated by a spherical cap of radius a. In order that (13) remains finite for $\vartheta = 0$ (at the axis of the cone) it is necessary to put the integration constant c equal to zero. The normalized eigenfunctions and the eigenvalues are then determined by

$$v_{n,m,l} = \frac{1}{N}\cos(m\varphi)\, r^{-(1/2)} J_\nu\left(\tau_{n,\nu}\frac{r}{a}\right) P_{\nu-(1/2)}^m(\cos\vartheta), \tag{32}$$

$$N^2 = \frac{\pi a^2}{\nu\,\varepsilon_m}\sin\vartheta_0\, P_{\nu-(1/2)}^{m+1}(\cos\vartheta_0)\, J_{\nu+1}^2(\tau_{n,\nu}) \frac{d}{d\nu}[P_{\nu-(1/2)}^m(\cos\vartheta_0)] \tag{33}$$

and the $\alpha_{l,m}$ are now the solutions of

$$P_{\nu-(1/2)}^m(\cos\vartheta_0) = 0. \tag{34}$$

Furthermore (23) and (24) simplify to

$$U(P, Q; \gamma) = -\frac{4(r r')^{-(1/2)}}{a^2\sin\vartheta_0} \sum_{l=1}^{\infty}\sum_{n=1}^{\infty} \frac{J_\nu\left(\tau_{n,\nu}\frac{r}{a}\right) J_\nu\left(\tau_{n,\nu}\frac{r'}{a}\right) P_{\nu-(1/2)}(\cos\vartheta) P_{\nu-(1/2)}(\cos\vartheta')}{J_{\nu+1}^2(\tau_{n,\nu})\left[\gamma^2 + \left(\frac{\tau_{n,\nu}}{a}\right)^2\right] P_{\nu-(1/2)}^1(\cos\vartheta_0)\frac{d}{d\nu}[P_{\nu-(1/2)}(\cos\vartheta_0)]} \tag{35}$$

$$u(P, Q; t) = \frac{4(r r')^{-(1/2)}}{a^2\sin\vartheta_0} \sum_{l=1}^{\infty}\sum_{n=1}^{\infty} \nu \frac{J_\nu\left(\tau_{n,\nu}\frac{r}{a}\right) J_\nu\left(\tau_{n,\nu}\frac{r'}{a}\right) P_{\nu-(1/2)}(\cos\vartheta) P_{\nu-(1/2)}(\cos\vartheta')}{J_{\nu+1}^2(\tau_{n,\nu})\, P_{\nu+(1/2)}^1(\cos\vartheta_0)\frac{d}{d\nu}[P_{\nu-(1/2)}(\cos\vartheta_0)]} e^{-Ktk_{n,m,l}^2}. \tag{36}$$

Finally (28) becomes

$$U(P, Q; \gamma) = -\frac{2(r\,r')^{-(1/2)}}{\sin \vartheta_0} \sum_{l=1}^{\infty} \nu \frac{P_{\nu-(1/2)}(\cos \vartheta)\, P_{\nu-(1/2)}(\cos \vartheta')}{P^1_{\nu-(1/2)}(\cos \vartheta_0) \frac{d}{d\nu}[P_{\nu-(1/2)}(\cos \vartheta_0)]} \times$$

$$\times \frac{I_\nu(\gamma\, r)}{I_\nu(\gamma\, a)} [I_\nu(\gamma\, a)\, K_\nu(\gamma\, r') - I_\nu(\gamma\, r')\, K_\nu(\gamma\, a)]\,, \tag{37}$$

$$r < r'\,, \qquad \nu = \beta_l\,.$$

The β_l are the positive solution of $P_{\nu-(1/2)}|(\cos \vartheta_0) = 0$.

For the limit $a \to \infty$ one obtains instead of (29) and (31)

$$[U(P, Q; \gamma)]_{a\to\infty} = -\frac{2(r\,r')^{-(1/2)}}{\sin \vartheta_0} \sum_{l=1}^{\infty} \nu \frac{P_{\nu-(1/2)}(\cos \vartheta)\, P_{\nu-(1/2)}(\cos \vartheta')}{P^1_{\nu-(1/2)}(\cos \vartheta_0) \frac{d}{d\nu}[P_{\nu-(1/2)}(\cos \vartheta_0)]} I_\nu(\gamma\, r)\, K_\nu(\gamma\, r')\,. \tag{38}$$

$$[u(P, Q; t)]_{a\to\infty} = \frac{(r\,r')^{-(1/2)}}{\sin \vartheta_0} t^{-1}\, e^{-\frac{r^2+r'^2}{4t}} \sum_{l=1}^{\infty} \nu \frac{P_{\nu-(1/2)}(\cos \vartheta)\, P_{\nu-(1/2)}(\cos \vartheta')}{P^1_{\nu-(1/2)}(\cos \vartheta_0 \frac{d}{d\nu}[P_{\nu-(1/2)}(\cos \vartheta_0)]} I_\nu\left(\frac{r\,r'}{t}\right). \tag{39}$$

$$\nu = \beta_l\,.$$

The *adiabatic* case (vanishing of the normal derivative of the temperature field) shall be outlined only briefly. The boundary conditions for this case are

$$\frac{\partial u}{\partial \vartheta} = 0 \quad \text{at} \quad \vartheta = \vartheta_0, \vartheta_1\,; \qquad \frac{\partial u}{\partial r} = 0 \quad \text{at} \quad r = a\,,$$

while u is the same as in (13). The second boundary condition gives

$$J_\nu(k\, a) - 2\, k\, a\, J^2_\nu(k\, a) = 0\,. \tag{40}$$

Here $J_\nu'(k\,a)$ is for $(d/dz)\, J_\nu(z)$, for $z = k\,a$. The eigenvalues follow then from (40). It is known that [7, p. 480] if A and B are real and $\nu > -1$ the function $A\, J_\nu(z) + B\, J_\nu'(z)$ has real zeros only except that it has two purely imaginary zeros when $\nu + A/B < 0$. In (40) $A = 1$, $B = -2$. Hence, the existence of non real zeros of (40) would require $\nu < 1/2$. But the finiteness condition for u by (13) would require $\nu \geqq 1/2$. The solutions of (40) are therefore all real and since $J_\nu(z) - 2\, z\, J_\nu'(z)$ is equal to $(1/2\, z)^\nu$ times an entire even function of z the zeros are all on the real axis symmetric to the origin. If $\tau_{n,\nu}$ denotes the n-th positive root of (40) then the eigenvalues are determined by

$$k_{n,\nu} = \frac{\tau_{n,\nu}}{a}\,. \tag{41}$$

The condition $\dfrac{\partial u}{\partial \vartheta} = 0$ for $\vartheta = \vartheta_0, \vartheta_1$ gives

$$\frac{d}{d\vartheta}[P^m_{\nu-(1/2)}(\cos \vartheta_0)] + c \frac{d}{d\vartheta}[P^m_{\nu-(1/2)}(-\cos \vartheta_1)] = 0\,,$$

$$\frac{d}{d\vartheta}[P^m_{\nu-(1/2)}(\cos \vartheta_1)] + c \frac{d}{d\vartheta}[P^m_{\nu-(1/2)}(-\cos \vartheta_1)] = 0\,.$$

Hence,

$$c = -\frac{\frac{d}{d\vartheta}[P^m_{\nu-(1/2)}(\cos \vartheta_0)]}{\frac{d}{d\vartheta}[P^m_{\nu-(1/2)}(-\cos \vartheta_0)]} = -\frac{\frac{d}{d\vartheta}[P^m_{\nu-(1/2)}(\cos \vartheta_1)]}{\frac{d}{d\vartheta}[P^m_{\nu-(1/2)}(-\cos \vartheta_0)]}$$

and ν is given as solutions of

$$\frac{d}{d\vartheta}[P^m_{\nu-(1/2)}(\cos \vartheta_0)] \frac{d}{d\vartheta}[P^m_{\nu-(1/2)}(-\cos \vartheta_1)] - \frac{d}{d\vartheta}[P^m_{\nu-(1/2)}(\cos \vartheta_1)] \frac{d}{d\vartheta}[P^m_{\nu-(1/2)}(-\cos \vartheta_0)] = 0\,. \tag{45}$$

Again, it follows by the same argument as before (all eigenvalues are real) that the solutions of (42) in ν are real and symmetric to the origin $\nu = \alpha_{l,m}$, say. Again the normalized eigenfunctions have to be established and from those the second GREEN's functions by (11) and (12). These expressions are then given in the form of a DINI series [3, vol. 2, p. 70). A DINI series expansion formula corresponding to the FOURIER–BESSEL series (25) does not seem to have been investigated.

The case of an arbitrary temperature distribution $g(r', \vartheta')$ independent of φ', can then be obtained by an integration over all ring sources located at $Q(r', \vartheta')$. The result is

$$T(r, \vartheta; t) = \int_{r'=0}^{a} \int_{\vartheta=\vartheta_1}^{\vartheta_0} g(r', \vartheta')\, u(r, \vartheta; r', \vartheta')\, r'^2 \operatorname{skin} \vartheta'\, dr'\, d\vartheta' \tag{43}$$

where $u(P, Q; t)$ is one of the expressions (24), (31), (36), (39), whichever case may apply.

References

1 BUCHHOLZ, W., Bemerkung zu einer Entwicklungsformel aus der Theorie der Zylinderfunktionen, ZAMM **25/27**, 245–252, 1947.
2 CARSLAW, W. S. and JAEGER, J. C., Conduction of heat in Solids. The Clarendon Press, 2 ed. 1959.
3 ERDELYI, A. et al., Higher transcendental functions, 3 vols. New York, McGraw-Hill, 1953.
4 MAGNUS, W., OBERHETTINGER, F. and SONI, R. P., Formulas and Theorems for the special functions of mathematical physics, New York, Springer, 1966.
5 MUKI, R. and STERNBERG, E., Steady-state heat conduction in a circular cone, ZAMP **11**, 306–315, 1960.
6 SOMMERFELD, A., Partial differential equations in physics, New York, Academic Press, 1964.
7 WATSON, G. N., A treatise on the theory of Bessel functions, Cambridge University Press, 1958.

Eingereicht am 11. 8. 1971

Anschrift: Prof. Dr. FRITZ OBERHETTINGER, Oregon State University, Department of Mathematics Corvallis, Oregon, USA

ZAMM 52, 353 – 358 (1972)

Erzwungene Schwingungen in geschichteten und rotierenden zähen Flüssigkeiten

Von V. D. DJORDJEVIĆ

In dieser Arbeit werden einige Beispiele kleiner erzwungener Schwingungen eines Körpers in einer geschichteten oder rotierenden zähen Flüssigkeit behandelt. Im Falle einer geschichteten Flüssigkeit wird das Problem der Schwingungen in ihrer eigenen Ebene, einer unendlichen, in Richtung der Flüssigkeitsschichten oder senkrecht zu ihnen aufgestellten Platte betrachtet. Im ersten Fall wird eine einfache Verallgemeinerung der bekannten Lösung für die homogene Flüssigkeit erhalten, während im zweiten Fall in jenen Flüssigkeitsschichten, in denen die Schwingungsfrequenz der bekannten kritischen Frequenz gleich ist, das Bestehen eines Resonanzeffektes gezeigt wird, wobei die durch die Plattenschwingungen verursachten Störungen sich in diesen Schichten bis zum Unendlichen ausbreiten.
Im Falle einer in Richtung der Rotationsachse begrenzten rotierenden Flüssigkeit werden die Torsionsschwingungen einer unendlichen senkrecht zur Rotationsachse aufgestellten Scheibe betrachtet. Dadurch kommt man zum ähnlichen Resonanzeffekt, wenn die Schwingungsfrequenz gleich der doppelten Winkelgeschwindigkeit des ganzen Systems ist.

This paper deals with some examples of small forced oscillations of a body in non-homogeneous or rotating viscous fluid. In the case of a non-homogeneous fluid the problem of oscillations in its own plane of an infinite plate is considered. The plate is set in the horizontal or vertical direction. In the first case a simple generalization of the known solution for the homogeneous fluid is obtained, while in the second case, in those layers of the fluid where the frequency of oscillations is equal to the known critical frequency, the existence of an effect of resonance is shown, whereby the disturbances caused by the plate oscillations in these layers are extended to the infinity.
In the case of a rotating fluid, which is bounded in the direction of the rotating axis, the torsional oscillations of an infinite disk are considered. The disk is set normal to the rotating axis. A similar effect of resonance is achieved when the frequency of oscillations is twice the angular velocity of the whole system.

В предлагаемой работе рассматриваются примеры малых вынужденных колебаний тела в слоеобразной или вращающейся вязкой жидкости. Для случая слоеобразной жидкости обсуждается проблема колебаний в её собственной плоскости бесконечной пластинке направленной или вдоль слоев жидкости или поставленной перпендикулярно к ним. В первом случае получено простое обобщение известного решения для однородной жидкости. Во втором случае выявлено наличие эффекта резонанса в тех слоях жидкости, в которых частота колебаний равна известной критической частоте. Вызванные колебанием пластинки возмущения распространяются при этом в этих слоях до бесконечности. Для случая вращающейся и ограниченной в направлении оси вращения жидкости рассматриваются крутильные колебания бесконечного, установленного перпендикулярно к оси вращения диска. Благодаря этому получен подобный эффект резонанса, если частота колебаний равна двойной угловой скорости всей системы.

1. Einleitung

Das Problem der Ausbreitung der durch Schwingungen eines Körpers hervorgerufenen kleinen Störungen in einer der Schwerkraft unterworfenen reibungslosen Flüssigkeit mit stabiler Dichteschichtung ist in der Arbeit [1] von GÖRTLER untersucht worden. Durch die Analyse des Typs der Differentialgleichungen für die Verschiebungen volumenbeständiger Flüssigkeitsteilchen ist bei dieser Gelegenheit entdeckt worden, daß eine von der Dichteschichtung abhängige kritische Frequenz existiert, bei der die Gleichungen den Typ ändern. Die Gleichungen sind nämlich vom elliptischen oder hyperbolischen Typ, je nachdem, ob die Schwingungsfrequenz größer oder kleiner als die genannte kritische Frequenz ist. Die Strömungsvorgänge im ersten und zweiten Fall unterscheiden sich folglich wesentlich, denn im elliptischen Fall breiten sich die Störungen gleichmäßig durch den ganzen Strömungsraum aus, im hyperbolischen Fall nur längs der Charakteristikenflächen. Die theoretischen Untersuchungen von GÖRTLER wurden in derselben Arbeit [1] auch experimentell bestätigt: Die Charakteristikenflächen waren im hyperbolischen Fall in dem Gebiet klar sichtbar, in dem die Zähigkeit vernachlässigt werden konnte.

Ein ähnliches Phänomen zeigt sich, wenn ein Körper in einer homogenen inkompressiblen Flüssigkeit, die um eine vertikale Achse mit konstanter Winkelgeschwindigkeit ω rotiert, eine Schwingung mit der Kreisfrequenz β ausführt. Die Probleme sind eng verwandt. GÖRTLER [2] zeigte, daß in diesem Fall die kritische Frequenz konstant ist und $2\,\omega$ beträgt. Für $\beta > 2\,\omega$ sind die Gleichungen vom elliptischen und für $\beta < 2\,\omega$ vom hyperbolischen Typ. Die theoretischen Ergebnisse von GÖRTLER bestätigte OSER [3] experimentell. Einige konkrete Beispiele wurden in den Arbeiten von OSER [4] und REYNOLDS [5], [6] behandelt. Beim Problem einer zur Rotationsachse senkrecht stehenden endlichen Scheibe, die in Richtung der Rotationsachse schwingt, zeigte REYNOLDS ,daß, wenn man die Entwicklung der Störungen vom Beginn der erzwungenen Bewegung an studiert, ein quasistationärer Zustand erst für $t \to \infty$ erreicht wird (t: die Zeit), das heißt, daß eine Übergangserscheinung vorhanden ist, und der Ansatz zeitlich harmonischer Schwingungen ist demgemäß nicht über dem ganzen Intervall $0 \leqq t < \infty$ zu benutzen. Der quasistationäre Zustand besteht im elliptischen Fall aus einer mit der Erregung in gleicher Phase stehenden Komponente, während im hyperbolischen Fall auch eine gegenphasige Komponente existiert. Das Bestehen dieser Komponente kann durch die Tatsache, daß die Energiezufuhr von der Scheibe im hyperbolischen Fall auf einen großen Abstand transportiert werden muß, erläutert werden.

In der vorliegenden Arbeit werden die Vorgänge in den Gebieten untersucht, in denen die Zähigkeitskräfte nicht vernachlässigt werden dürfen. Hier sind die Bewegungsgleichungen vom elliptischen oder parabolischen Typ. Der Einfachheit halber wurden im ersten Teil die durch die Schwingungen einer waagerechten und einer senkrechten unendlichen Platte verursachten Störungen betrachtet. Im zweiten Teil wird der Effekt der Torsionsschwingung einer unendlichen Scheibe untersucht. In beiden Fällen konnte gezeigt werden, daß auch bei Berücksichtigung der Zähigkeitskräfte die Görtlerschen kritischen Frequenzen eine bedeutende Rolle spielen.

2. Erzwungene Schwingungen in einer geschichteten Flüssigkeit

Sei $(O; x, y, z)$ ein kartesisches Koordinatensystem, dessen positive z-Achse vertikal nach oben gerichtet ist, also in eine der Schwerebeschleunigung g entgegengesetzte Richtung weist. Die Dichte einer zähen, inkompressiblen Flüssigkeit in Gleichgewichtslage sei $\tilde{\varrho}(z)$. Der Druck $\tilde{p}(z)$ ist durch die statische Grundgleichung

$$\frac{d\tilde{p}}{dz} = -g\,\tilde{\varrho}(z) \tag{1}$$

gegeben. Es wird angenommen, daß die Funktion $\tilde{\varrho}(z)$ und alle vorkommenden Ableitungen im betrachteten Gebiet stetig sind und daß die Schichtung stabil ist, d. h. $d\tilde{\varrho}/dz \leqq 0$. Die Schwingung der unendlich ausgedehnten Platten erfolge im horizontalen wie im vertikalen Fall so, daß in der Flüssigkeit überall die y-Komponente der Geschwindigkeit Null ist und die x- und z-Komponenten u und w nicht von y abhängen:

$$u = u'(t, x, z)\,; \qquad w = w'(t, x, z)$$

$$p = \tilde{p}(z) + p'(t, x, z)\,; \qquad \varrho = \tilde{\varrho} + \varrho'(t, x, z)\,.$$

u', w', p' und ϱ' beschreiben eine ebene Störströmung, die von der schwingenden Platte verursacht wird. Diese Störgrößen werden mit allen auftretenden Ableitungen als so klein angenommen, daß die in den Störungen nichtlinearen Terme der Bewegungsgleichungen vernachlässigt werden können.

Dichtestörungen treten nur wegen der vertikalen Bewegung volumenbeständiger Flüssigkeitsteilchen auf. Wie in [1] können wir daher setzen

$$\varrho'(t, x, z) = -\zeta\,\frac{d\tilde{\varrho}}{dz}\,; \qquad \frac{\partial \zeta}{\partial t} = w'\,, \tag{2}$$

wobei $\zeta(t, x, z)$ die nach Voraussetzung kleine vertikale Teilchenverschiebung ist.

Die Kontinuitätsgleichung lautet

$$\frac{\partial \varrho}{\partial t} + \frac{\partial(\varrho\, u)}{\partial x} + \frac{\partial(\varrho\, w)}{\partial z} = 0$$

oder

$$\frac{\partial \varrho'}{\partial t} + \tilde{\varrho}\left(\frac{\partial u'}{\partial x} + \frac{\partial w'}{\partial z}\right) + w'\,\frac{\partial \tilde{\varrho}}{\partial z} = 0\,.$$

Wegen (2) nimmt sie die einfache Gestalt

$$\frac{\partial u'}{\partial x} + \frac{\partial w'}{\partial z} = 0 \tag{3}$$

an, so daß die vollen Navier–Stokesschen Gleichungen lauten:

$$\varrho\,\frac{du}{dt} = -\frac{\partial p}{\partial x} + 2\,\frac{\partial}{\partial x}\left(\mu\,\frac{\partial u}{\partial x}\right) + \frac{\partial}{\partial z}\left[\mu\left(\frac{\partial u}{\partial z} + \frac{\partial w}{\partial x}\right)\right],$$

$$\varrho\,\frac{dw}{dt} = -\frac{\partial p}{\partial z} - g\,\varrho + \frac{\partial}{\partial x}\left[\mu\left(\frac{\partial u}{\partial z} + \frac{\partial w}{\partial x}\right)\right] + 2\,\frac{\partial}{\partial z}\left(\mu\,\frac{\partial w}{\partial z}\right),$$

oder, wenn man die Störungsgrößen einführt und die statische Grundgleichung (1) berücksichtigt:

$$\begin{aligned} \tilde{\varrho}\,\frac{\partial u'}{\partial t} &= -\frac{\partial p'}{\partial x} + \tilde{\mu}\left(\frac{\partial^2 u'}{\partial x^2} + \frac{\partial^2 u'}{\partial z^2}\right) + \frac{d\mu}{dz}\left(\frac{\partial u'}{\partial z} + \frac{\partial w'}{\partial x}\right), \\ \tilde{\varrho}\,\frac{\partial w'}{\partial t} &= -\frac{\partial p'}{\partial z} - g\,\varrho' + \tilde{\mu}\left(\frac{\partial^2 w'}{\partial x^2} + \frac{\partial^2 w'}{\partial z^2}\right) + 2\,\frac{d\tilde{\mu}}{dz}\,\frac{\partial w'}{\partial z}, \end{aligned} \tag{4}$$

wo $\tilde{\mu} = \tilde{\mu}(z)$ die dynamische Zähigkeit ist, die im allgemeinen eine beliebige stetige Funktion von z sein kann.

2.1. Schwingungen einer waagerechten Platte

Im einfachsten Fall betrachten wir die Schwingung einer horizontalen unendlichen Platte in ihrer Ebene. Dann verschwinden auch die Ableitungen nach x und $w' = 0$. Die Gleichungen (4) führen daher zu

$$\tilde{\varrho}\,\frac{\partial u'}{\partial t} = \tilde{\mu}\,\frac{\partial^2 u'}{\partial z^2} + \frac{d\tilde{\mu}}{dz}\,\frac{\partial u'}{\partial z}\,. \tag{5}$$

Die Randbedingungen an der Platte lauten

$$z = 0 \quad : \quad u' = U \cos \beta t .$$

Für $z \to \infty$ soll die Störung abklingen:

$$z \to \infty \quad : \quad u' \to 0 .$$

U ist die Amplitude der Plattenschwingung. Im Spezialfall $\tilde{\mu}(z) = \mu = \text{const.}$ und $\tilde{\varrho}(z) = \varrho_\infty + \varrho_1 \exp(-z/h)$ $\left(\tilde{\varrho}(0) = \varrho_\infty + \varrho_1, \tilde{\varrho}(\infty) = \varrho_\infty\right)$, h ist eine charakteristische Länge) ist die Lösung von (5) gegeben durch:

$$u' = \operatorname{Re} U \, e^{i\beta t} \frac{J_\nu(b \, e^{-z/2h})}{J_\nu(b)} . \tag{6}$$

Hier ist J_ν die BESSELsche Funktion erster Art, $\nu = h(1+i)\sqrt{2\beta\varrho_\infty/\mu}$ und $b = h(1-i)\sqrt{2\beta\varrho_1/\mu}$.

Diese Lösung ist eine Verallgemeinerung der von RAYLEIGH [7] für den Fall einer homogenen Flüssigkeit angegebenen Strömung. Die RAYLEIGHsche Lösung gewinnt man durch den Grenzübergang $\varrho_1 \to 0$ aus (6).

2.2. Schwingungen einer senkrechten Platte

Im Falle einer unendlichen vertikalen, in z-Richtung schwingenden Platte hängen die Lösungen der Gleichung (4) von beiden räumlichen Koordinaten ab. In der Nähe der Platte erwarten wir eine Grenzschichtströmung und nehmen daher in (4) die entsprechenden Vernachlässigungen vor. Wir erhalten das Gleichungssystem

$$\frac{\partial p'}{\partial x} = 0 , \qquad \tilde{\varrho} \frac{\partial w'}{\partial t} = -\frac{\partial p'}{\partial z} - g \varrho' + \tilde{\mu} \frac{\partial^2 w'}{\partial x^2} , \qquad \frac{\partial u'}{\partial x} + \frac{\partial w'}{\partial z} = 0 . \tag{7}$$

Wenn die Platte in der Ebene $x = 0$ liegt, lauten die Randbedingungen für die Geschwindigkeiten u' und w':

$$x = 0 \quad : \quad w' = W \cos \beta t , \qquad u' = 0 ,$$

$$x \to \infty \quad : \quad w' \to 0 .$$

Aus der ersten Gleichung folgt, daß p' in der Grenzschicht von x unabhängig ist; also ist wegen der Gültigkeit der zweiten Gleichung

$$-\frac{\partial p'}{\partial z} = \lim_{x \to \infty} \left[\tilde{\varrho} \frac{\partial w'}{\partial t} + g \varrho' \right] .$$

Die Vorstellung, daß am Rande der Grenzschicht ($x \to \infty$) sämtliche Störungen mit ihren Ableitungen zu Null abgeklungen sein werden, berechtigt uns zu der Annahme, daß der rechts stehende Ausdruck verschwindet. Das spätere Ergebnis kann zur Rechtfertigung dieser Annahme herangezogen werden. Es wird also

$$\frac{\partial p'}{\partial z} = 0$$

gesetzt. Berücksichtigt man nun (2), so erhält man

$$\tilde{\varrho} \frac{\partial w'}{\partial t} = g \zeta \frac{d\tilde{\varrho}}{dz} + \tilde{\mu} \frac{\partial^2 w'}{\partial x^2} .$$

Durch den Ansatz

$$\zeta(t, x, z) = -\frac{i}{\beta} W e^{i\beta t} Z(x, z)$$

findet man für $Z(x, z)$ die Gleichung

$$\frac{\partial^2 Z}{\partial x^2} - \frac{i\beta}{\tilde{\nu}} \left(1 - \frac{\beta_k^2}{\beta^2}\right) Z = 0$$

mit den Randbedingungen

$$x = 0 \quad : Z = 1$$

$$x \to \infty \quad : Z \to 0 .$$

Hier sind $\tilde{\nu}(z) = \tilde{\mu}(z)/\tilde{\varrho}(x)$ die kinematische Zähigkeit und $\beta_k = \sqrt{-\frac{g}{\tilde{\varrho}(z)} \frac{d\tilde{\varrho}}{dz}}$ die GÖRTLERsche kritische Frequenz [1]. Die Lösung dieser Randwertaufgabe ist

$$Z(x, z) = \exp \left[-x \sqrt{\frac{\beta}{2\tilde{\nu}}} \sqrt{2i\left(1 - \frac{\beta_k^2}{\beta^2}\right)} \right] .$$

Hieraus entnimmt man, daß die Strömung im wesentlichen in einer Schicht an der Platte erfolgt, für deren Dicke δ die Größenordnungsbeziehung

$$\delta = O\left(|2 \tilde{\nu} \beta/(\beta^2 - \beta_k^2)|^{1/2}\right)$$

gilt. „Resonanzeffekte" sind für solche Werte von z zu erwarten, für die $\beta = \beta_k$ wird. In der Umgebung solcher Schichten gelten allerdings die für diese Untersuchung grundlegenden Grenzschichtannahmen nicht mehr. Man wird dort die vollen NAVIER-STOKESschen Gleichungen zur Hilfe nehmen müssen. Die Frage nach der Strömung in diesen Bereichen ist jedoch nicht Gegenstand der vorliegenden Arbeit.

3. Torsionsschwingungen einer Scheibe in einer rotierenden homogenen Flüssigkeit

C. THORNLEY behandelt in [8] das folgende Problem: Eine homogene zähe, inkompressible Flüssigkeit rotiere mit konstanter Winkelgeschwindigkeit ω um eine feste Achse. Senkrecht zu dieser Achse ist eine Scheibe angeordnet, die in der Lage ist, relativ zum mitrotierenden Koordinatensystem kleine Drehschwingungen auszuführen. Die Schwingungsachse ist mit der Rotationsachse identisch. In Achsenrichtung sei die Flüssigkeit unbegrenzt.

Es wird gezeigt, daß keine quasistationäre Lösung der linearisierten Bewegungsgleichungen existiert, wenn die Schwingungsfrequenz gerade gleich der doppelten Winkelgeschwindigkeit des Systems ist. Die durch die Schwingung verursachten Störungen breiten sich dann bis ins Unendliche aus. Wir haben also in diesem Fall einen Resonanzeffekt. In der vorliegenden Arbeit setzen wir abweichend von THORNLEY zusätzlich die Existenz einer im rotierenden System festen Wand voraus, die parallel zur schwingenden Scheibe im Abstand h angeordnet ist. In diesem Fall existiert für beliebige Schwingungsfrequenzen β eine quasistationäre Lösung. Wenn $\beta = 2\,\omega$ ist, so breiten sich die durch die Schwingung hervorgerufenen Störungen bis zur Wand aus. Im Unterschied zu dem in [8] eingeschlagenen Weg gehen wir hier von den vollen NAVIER-STOKESschen Gleichungen aus. Die Geschwindigkeitskomponenten und der Druck werden in Form von Reihen nach Potenzen der Scheibenschwingung $\varphi_0\, e^{i\beta t}$ gesucht. Durch die Berechnung der ersten beiden Glieder dieser Reihen wird auch der Einfluß der nichtlinearen Glieder, also der Trägheitskräfte, zum Teil mitberücksichtigt. Das Problem ist zylindersymmetrisch, wir wählen daher zur Beschreibung des Vorgangs Zylinderkoordinaten r, φ, z. Entsprechend ist u die radiale, v die azimutale und w die vertikale Geschwindigkeitskomponente, p ist der Druck und ϱ die konstante Dichte, ν die konstante kinematische Zähigkeit.

Die Reihenansätze lauten dann:

$$\begin{aligned} u &= \beta\, r \sum_{n=0}^{\infty} F_n(\zeta)\, \varphi_0^{n+1}\, e^{i(n+1)\tau}, \\ v &= \beta\, r \sum_{n=0}^{\infty} G_n(\zeta)\, \varphi_0^{n+1}\, e^{i(n+1)\tau}, \\ w &= \sqrt{2\,\nu\,\beta} \sum_{n=0}^{\infty} H_n(\zeta)\, \varphi_0^{n+1}\, e^{i(n+1)\tau}, \\ p &= 2\,\varrho\,\nu\,\beta \sum_{n=0}^{\infty} P_n(\zeta)\, \varphi_0^{n+1}\, e^{i(n+1)\tau} + 1/2\,\varrho\,\beta^2 r^2 \sum_{n=0}^{\infty} k_n\, \varphi_0^{n+1}\, e^{i(n+1)\tau}, \end{aligned} \tag{10}$$

wo $\tau = \beta\, t$ und $\zeta = z \sqrt{\dfrac{\beta}{2\nu}}$; k_n sind Konstanten, die zusammen mit den Integrationskonstanten aus den Randbedingungen zu bestimmen sind.

Die Fourier-Reihen (10) und ihre gliedweise gebildeten Ableitungen nach ζ und τ mögen für $(\zeta, \tau) \in \left[0, h\sqrt{\dfrac{\beta}{2\,\nu}}\right] \times \left[0, \dfrac{2\pi}{\beta}\right]$ gleichmäßig konvergieren. Durch Einsetzen der Reihen (10) in die NAVIER-STOKES-Gleichungen und anschließenden Koeffizientenvergleich findet man die folgenden Differentialgleichungen für die beiden ersten Koeffizienten:

$$\begin{aligned} &F_0'' - 2\,i\,F_0 + 2\,g\,G_0 = 2\,k_0, \qquad G_0'' - 2\,i\,G_0 - 2\,g\,F_0 = 0, \\ &H_0' + 2\,F_0 = 0, \qquad P_0' - 1/2\,H_0'' + i\,H_0 = 0, \\ &F_1'' - 4\,i\,F_1 + 2\,g\,G_1 = 2\,(k_1 + F_0^2 + F_0'\,H_0 - G_0^2), \\ &G_1'' - 4\,i\,G_1 - 2\,g\,F_1 = 2\,(2\,F_0\,G_0 + G_0'\,H_0), \\ &H_1' + 2\,F_1 = 0, \qquad P_1' - 1/2\,H_1'' + 2\,i\,H_1 = -\,H_0\,H_0'. \end{aligned} \tag{11}$$

Hier ist $g = \dfrac{2\,\omega}{\beta}$.

Allgemein erhält man die folgenden Rekursionsformeln:

$$\begin{aligned} &F_n'' + 2\,g\,G_n - 2\,i\,(n+1)\,F_n - 2\,k_n = 2 \sum_{\nu=0}^{n-1} [F_\nu\,F_{n-1-\nu} + H_\nu\,F_{n-1-\nu}' - G_\nu\,G_{n-1-\nu}], \\ &G_n'' - 2\,g\,F_n - 2\,i\,(n+1)\,G_n = 2 \sum_{\nu=0}^{n-1} [2\,F_\nu\,G_{n-1-\nu} + H_\nu\,G_{n-1-\nu}'], \\ &H_n'' - 2\,P_n' - 2\,i\,(n+1)\,H_n = 2 \sum_{\nu=0}^{n-1} H_\nu\,H_{n-1-\nu}', \\ &H_n' + 2\,F_n = 0. \end{aligned}$$

Liegt die schwingende Scheibe bei $z = 0$ und die ruhende Wand bei $z = h$, so lauten die Randbedingungen:

$$\zeta = 0 : F_\nu = 0\,, \quad H_\nu = 0\,, \quad P_\nu = 0; \quad G_0 = 1; \quad G_\mu = 0\,,$$
$$\nu = 0, 1, 2, \ldots, \quad \mu = 1, 2, \ldots,$$
$$\zeta = \delta = h \sqrt{\frac{\beta}{2\nu}} : F_\nu = G_\nu = H_\nu = 0\,, \qquad \nu = 0, 1, 2, \ldots$$

Das System (11) besitzt unter diesen Randbedingungen eindeutige Lösungen für beliebiges g. Die Darstellung der zweiten Koeffizienten $F_1, G_1, \ldots$ durch einen geschlossenen analytischen Ausdruck wird bereits so kompliziert, daß darauf verzichtet wurde und stattdessen die Integration numerisch erfolgte. In den Bildern 1 und 2 sind die Resultate graphisch dargestellt. Die dimensionslose Zirkulationsgeschwindigkeit $v/\varphi_0\,\beta\,r$ ist über z/h aufgetragen.

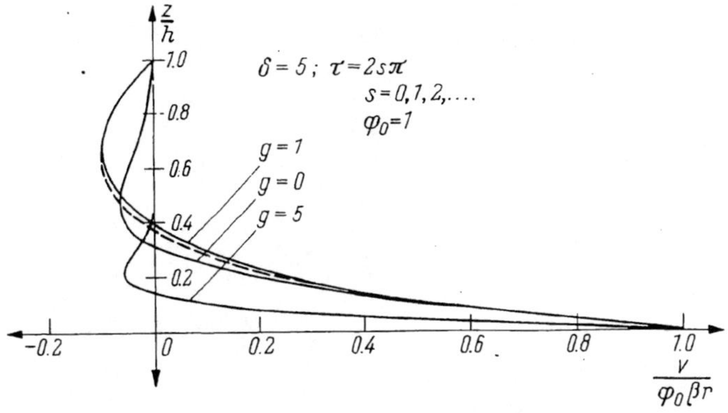

Bild 1

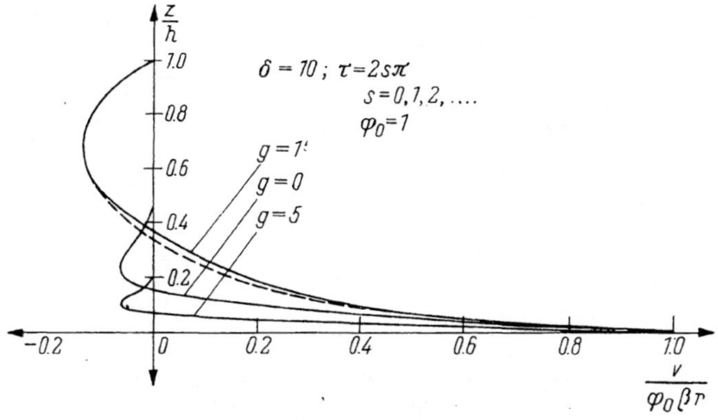

Bild 2

Für den Parameter δ wurden die Werte $\delta = 5$ und $\delta = 10$ ausgewählt und für g wurden die drei Werte 0, 1 und 5 eingesetzt. Die Abbildungen geben das Geschwindigkeitsprofil in den Zeitpunkten $\tau = 2\,s\,\pi$, $s = 0, 1, 2, \ldots$ wieder. Für $g = 1$ zeigen die Zeichnungen ($\varphi_0 = 1$) einen deutlichen „Resonanzeffekt", der darin zum Ausdruck kommt, daß die Schwingung praktisch über das gesamte Strömungsgebiet ausgebreitet ist. Wo der gewählte Maßstab die Wahrnehmung deutlicher Unterschiede zwischen der ersten und zweiten Näherung zuließ, ist die erste Näherung als gestrichelte Linie mit eingetragen. Wie man sieht, sind jedoch die Abweichungen selbst bei der relativ großen Amplitude φ_0 sehr gering. Diese Tatsache deutet auf die Dominanz des ersten Terms hin und läßt die Vermutung zu, daß die Reihen (10) schnell konvergieren.

Die vorliegende Arbeit entstand am Institut für Angewandte Mathematik und Mechanik der DFVLR, Freiburg i. Br. Herrn Prof. Dr. H. GÖRTLER, dem Direktor des Instituts, danke ich für das fördernde Interesse an dieser Arbeit. Der ALEXANDER-VON-HUMBOLDT-Stiftung möchte ich an dieser Stelle ebenfalls meinen Dank aussprechen.

Ferner sei Herrn Dipl.-Math. A. LEHMANN gedankt, der die erforderlichen numerischen Rechnungen auf einer SIEMENS 2002-Rechenanlage durchführte.

Literatur

1 GÖRTLER, H., Über eine Schwingungserscheinung in Flüssigkeiten mit stabiler Dichteschichtung, ZAMM **23**, S. 65–71 (1943).
2 GÖRTLER, H., Einige Bemerkungen über Strömungen in rotierenden Flüssigkeiten, ZAMM **24**, S. 210–214 (1944).
3 OSER, H., Experimentelle Untersuchung über harmonische Schwingungen in rotierenden Flüssigkeiten, ZAMM **38**, S. 386 bis 391 (1958).

4 OSER, H., Erzwungene Schwingungen in rotierenden Flüssigkeiten, Arch. Rational Mech. Anal. **1**, S. 81–96 (1957).
5 REYNOLDS, A., Forced oscillations in a rotating liquid (I), ZAMP **13**, S. 460–468 (1962).
6 REYNOLDS, A., Forced oscillations in a rotating liquid (II), ZAMP **13**, S. 561–572 (1962).
7 SCHLICHTING, H., Grenzschicht-Theorie, 5. Auflage, Karlsruhe 1965, S. 77.
8 THORNLEY, C., On Stokes and Rayleigh layers in a rotating system, Quart. J. Mech. Appl. Math. **21**, S. 451–461 (1968).

Eingereicht am 28. 8. 1971

Anschrift: Dr. VLADAN D. DJORDJEVIĆ, Mašinski fakultet, ul. 27 marta 80, Beograd/Jugoslawien

ZAMM 52, 359 – 368 (1972)

Zur stetigen Abhängigkeit des Extremalwertes eines konvexen Optimierungsproblems von einer stetigen Änderung des Problems

Von W. Krabs

Herrn Professor Dr. F. Reutter gewidmet aus Anlaß seines sechzigsten Geburtstages

In dieser Arbeit wird das Problem behandelt, ein konvexes Funktional unter konkaven Nebenbedingungen auf einer konvexen Teilmenge eines linearen Raumes zum Minimum zu machen. Es wird gezeigt, daß sich der gesuchte Extremalwert des Funktionals unter geeigneten Voraussetzungen stetig ändert, wenn die im Problem vorgegebenen Größen stetig abgeändert werden. Die Ergebnisse werden angewandt auf Approximationsprobleme in normierten Räumen und Optimierungsaufgaben mit unendlich vielen Nebenbedingungen, bei denen die stetige Änderung des Problems durch Diskretisierung (Übergang zu Halbnormen oder endlich vielen Nebenbedingungen) durchgeführt wird.

This paper is concerned with the minimization of a convex functional on a convex subset of a linear space subject to concave constraints. It is shown that, under suitable conditions the extreme value of the functional changes continuously if the data of the given problem are changed continuously. The results will be applied to approximation problems in normed linear spaces and to optimization problems, with infinitely many constraints where the continuous change of the problem is performed by discretization (use of seminorms or restriction to finitely many constraints).

В этой работе рассматривается вопрос минимирования выпуклого функционала при вогнутых побочных условиях на вогнутом множестве линейного пространства. Показано, что при подходящих условиях искомое экстремальное значение функционала непрерывно меняется, если менять непрерывно заданные проблемой величины. Полученные результаты применяются к проблемам аппроксимации в нормированных пространствах и к задачам оптимирования с безконечным числом побочных условий, для которых непрерывное изменение проблемы осуществляется путём дискретизации (путём перехода к полунормам или к конечно многим побочным условиям).

1. Einleitung

In dieser Arbeit geht es um konvexe Optimierungsprobleme in der folgenden allgemeinen Fassung, wie sie z. B. bei Approximationsaufgaben und bei der numerischen Lösung von partiellen Differentialgleichungen mit Hilfe von Monotoniesätzen auftreten (vgl. dazu z. B. Collatz–Wetterling [3]): Sei E ein linearer Vektorraum und X eine nichtleere konvexe Teilmenge von E. Ferner sei Z ein halbgeordneter normierter Vektorraum, dessen Halbordnung definiert sei durch einen konvexen Teilkegel Y mit $\theta_Z =$ Nullpunkt von Z als Scheitel vermöge der Definition

$$y \geqq z \overset{\text{Def.}}{\Leftrightarrow} z \leqq y \overset{\text{Def.}}{\Leftrightarrow} y - z \in Y . \tag{1.1}$$

Weiterhin sei $f : E \to \mathbb{R}$ (= Menge der reellen Zahlen) ein konvexes Funktional, d. h., es gelte

$$f(\lambda x_1 + (1 - \lambda) x_2) \leqq \lambda f(x_1) + (1 - \lambda) f(x_2)$$

für alle $x_1, x_2 \in E$ und $\lambda \in [0, 1]$.

Schließlich sei $g : E \to Z$ eine konkave Abbildung, d. h., es gelte

$$g(\lambda x_1 + (1 - \lambda) x_2) \geqq \lambda g(x_1) + (1 - \lambda) g(x_2)$$

für alle $x_1, x_2 \in E$ und $\lambda \in [0, 1]$ im Sinne der Halbordnung (1.1).

Problem: *Unter den Nebenbedingungen*

$$x \in X , \quad g(x) \in Y \tag{1.2}$$

ist $f(x)$ zum Minimum zu machen.

Wir setzen

$$S = \{x \in X : g(x) \in Y\} \tag{1.3}$$

und definieren den Extremalwert des Problems durch

$$v(P) = \begin{cases} \inf\limits_{x \in S} f(x), & \text{falls } S \text{ nichtleer ist,} \\ +\infty & \text{sonst.} \end{cases} \tag{1.4}$$

Es geht um die Frage, wie sich $v(P)$ ändert, wenn die Vorgaben f, g, X und Y des Problems einzeln, in Gruppen oder alle gleichzeitig in stetiger Weise abgeändert werden.

Eine ähnliche Fragestellung wird auch von Dantzig, Folkman und Shapiro in [4] behandelt, allerdings unter anderen Gesichtspunkten und mit anderen Hilfsmitteln.

Die praktische Bedeutung der obigen Frage liegt darin, daß man das vorgegebene Problem im allgemeinen nicht exakt, sondern nur näherungsweise lösen kann, indem man es in geeigneter Weise durch leichter lösbare Hilfsprobleme ersetzt, was auf eine Abänderung von f, g, X oder Y hinausläuft. Eine sehr geläufige Annäherung des Problems geschieht durch Diskretisierung, bei der man unendlich viele Nebenbedingungen durch endlich viele ersetzt. Wir werden das in Abschnitt 3 an Optimierungsproblemen demonstrieren, die mit Approximationsproblemen und der numerischen Lösung von Differentialgleichungen zusammenhängen.

Um die stetige Abhängigkeit des Extremalwertes $v(P)$ von den Vorgaben f, g, X und Y einheitlich untersuchen zu können, ist es vernünftig, das Ausgangsproblem nach dem Vorbild von VAN SLYKE und WETS [8] in mehr geometrischer Weise zu formulieren, was sich auch für die Untersuchung von Dualitäts- und Existenzfragen als sehr nützlich erweist. Zu diesem Zweck definieren wir die konvexe Menge

$$K = \{(f(x) + r, g(x) - y) : r \geqq 0, x \in X, y \in Y\} . \tag{1.5}$$

Man macht sich nun leicht klar, daß das obige Problem äquivalent ist zu dem

Problem (P): *Unter der Nebenbedingung $(\alpha, \theta_Z) \in K$ ist die Zahl α zum Minimum zu machen.*

Für den durch (1.4) definierten Extremalwert des Ausgangsproblems gilt offenbar:

$$v(P) = \begin{cases} \inf\limits_{(\alpha, \theta_Z) \in K} \alpha, \text{ falls } K \cap [\mathbb{R} \times \{\theta_Z\}] \text{ nichtleer ist,} \\ + \infty \quad \text{sonst.} \end{cases} \tag{1.6}$$

In Abschnitt 2 behandeln wir zunächst das Problem (P), wobei K eine beliebige nichtleere konvexe Teilmenge von $\mathbb{R} \times Z$ ist, und untersuchen die Frage, wie sich der durch (1.6) definierte Extremalwert $v(P)$ ändert, wenn die Menge K stetig abgeändert wird. Um die stetige Änderung von K messen zu können, benutzen wir eine Metrik, die HAUSDORFF in [5] für beschränkte Teilmengen eines metrischen Raumes eingeführt hat. Das Hauptergebnis ist der Satz 2.3, den wir in Abschnitt 3 auf den Fall anwenden, daß im Ausgangsproblem mit den Nebenbedingungen (1.2) das Funktional f und die Abbildung g stetig abgeändert werden. Die Ergebnisse sind in Satz 3.1 und einem Korollar zusammengefaßt, die wir abschließend am Beispiel zweier Optimierungsprobleme demonstrieren, die sich aus Approximationsproblemen ohne Nebenbedingungen und bei der numerischen Lösung von partiellen Differentialgleichungen mit Monotoniesätzen ergeben.

An dieser Stelle danke ich Herrn Dr. H. ESSER herzlich für anregende Diskussionen und zahlreiche Verbesserungsvorschläge.

2. Ein allgemeiner Stetigkeitssatz

Sei Z ein normierter Vektorraum und K eine nichtleere konvexe Teilmenge von $\mathbb{R} \times Z$. Ferner sei θ_Z der Nullpunkt von Z. Dann betrachten wir das

Problem (P): *Unter der Nebenbedingung $(\alpha, \theta_Z) \in K$ ist die Zahl α zum Minimum zu machen.*

Generalvoraussetzung: *Die Menge K habe ein nichtleeres Inneres $\mathring{K}$, und es gebe ein $\alpha_0 \in \mathbb{R}$ mit $(\alpha_0, \theta_Z) \in \mathring{K}$. Ferner sei*

$$v(P) = \inf_{(\alpha, \theta_Z) \in K} \alpha > - \infty . \tag{2.1}$$

Sei Z^* der topologische Dualraum von Z, bestehend aus allen stetigen linearen Abbildungen von Z in $\mathbb{R}$. Dann stellen wir dem Problem (P) als duales Problem gegenüber das

Problem (D): *Gesucht ist ein Paar $(\beta, l) \in \mathbb{R} \times Z^*$ derart, daß unter der Nebenbedingung*

$$\alpha - l(z) \geqq \beta \quad \text{für alle} \quad (\alpha, z) \in K$$

die Zahl β maximal ausfällt.

Wir definieren

$$K^* = \{(\beta, l) \in \mathbb{R} \times Z^* : \alpha - l(z) \geqq \beta \quad \text{für alle} \quad (\alpha, z) \in K\} \tag{2.2}$$

und

$$v^*(D) = \begin{cases} \sup\limits_{(\beta, l) \in K^*} \beta, \text{ falls } K^* \text{ nichtleer ist,} \\ - \infty \quad \text{sonst .} \end{cases} \tag{2.3}$$

Man macht sich leicht klar, daß

$$v^*(D) \leqq v(P) \tag{2.4}$$

ist. Darüber hinaus gilt der folgende Satz, der sich zwar im Prinzip auch in [8] findet, der Vollständigkeit halber aber auch hier bewiesen werden soll.

Satz 2.1: *Unter der Generalvoraussetzung ist K^* nichtleer und*

$$v^*(D) = v(P) . \tag{2.5}$$

Beweis: Sei $\beta < v(P)$ beliebig gewählt. Dann ist $(\beta, \theta_Z) \notin K$, und nach einem bekannten Trennungssatz für konvexe Mengen (vgl. z. B. [6]) gibt es ein Paar $(\lambda, l) \in \mathbb{R} \times Z^*$ mit

$$\lambda \alpha - l(z) \geqq \lambda \beta \quad \text{für alle} \quad (\alpha, z) \in K$$

und

$$\lambda \alpha - l(z) > \lambda \beta \quad \text{für alle} \quad (\alpha, z) \in \mathring{K} ,$$

insbesondere also

$$\lambda \alpha_0 > \lambda \beta \Rightarrow \lambda > 0 .$$

Damit ist

$$\alpha - \frac{1}{\lambda} l(z) \geqq \beta \quad \text{für alle} \quad (\alpha, z) \in K ,$$

d. h. $(\beta, (1/\lambda) l) \in K^*$ und $\beta \leqq v^*(D)$, was $v(P) \leqq v^*(D)$ impliziert, da $\beta < v(P)$ beliebig gewählt wurde. Mit Hilfe von (2.4) ergibt sich somit (2.5), was den Beweis vollendet.

Satz 2.2: *Unter der Generalvoraussetzung gibt es ein $\sigma > 0$ derart, daß für jedes Paar $(\beta, l) \in K^*$ gilt*

$$||l|| = \sup_{||z|| \leqq 1} l(z) \leqq \frac{1}{\sigma} \{\alpha_0 - \beta\} . \tag{2.6}$$

Beweis: Wegen $(\alpha, \theta_Z) \in \overset{\circ}{K}$ gibt es ein $\sigma > 0$ mit

$$\{(a, z) \in \mathbb{R} \times Z : |\alpha - \alpha_0| \leqq \sigma, ||z|| \leqq \sigma\} \subseteq K .$$

Ist $(\beta, l) \in K^*$ vorgegeben, so folgt insbesondere

$$\alpha_0 - l(z) \geqq \beta \quad \text{für alle} \quad z \in Z \quad \text{mit} \quad ||z|| \leqq \sigma$$

und daher

$$||l|| \cdot \sigma = \sup_{||z|| \leqq \sigma} l(z) \leqq \alpha_0 - \beta ,$$

was die Behauptung (2.6) impliziert.

Im folgenden geht es jetzt um die Frage, wie sich der durch (2.1) gegebene Wert $v(P)$ des Problems (P) ändert, wenn die Menge K stetig abgeändert wird. Zu diesem Zweck müssen wir für die Teilmengen von $\mathbb{R} \times Z$ eine Art Abstand einführen, um die stetige Abänderung einer Menge messen zu können. Hier bietet sich eine Metrik an, die HAUSDORFF in [5] für die beschränkten Teilmengen eines metrischen Raumes eingeführt und untersucht hat. Mit der Norm

$$||(\alpha, z)|| = \max(|\alpha|, ||z||) , \qquad (\alpha, z) \in \mathbb{R} \times Z , \tag{2.7}$$

wird $\mathbb{R} \times Z$ zu einem metrischen Raum mit der Metrik

$$d((\alpha, z), (\bar{\alpha}, \bar{z})) = ||(\alpha, z) - (\bar{\alpha}, \bar{z})|| = \max(|\alpha - \bar{\alpha}|, ||z - \bar{z}||) .$$

Ist A eine beliebige Teilmenge von $\mathbb{R} \times Z$ und $(\alpha, z) \in \mathbb{R} \times Z$ irgendein Punkt, so ist der Abstand von A und (α, z) gegeben durch

$$d(A, (\alpha, z)) = \inf_{(\beta, y) \in A} d((\beta, y), (\alpha, z)) . \tag{2.8}$$

Für je zwei beliebige Teilmengen A und B von $\mathbb{R} \times Z$ sei dann

$$\delta(A, B) = \sup_{(\alpha, z) \in B} d(A, (\alpha, z)) \tag{2.9}$$

und

$$\varrho(A, B) = \max(\delta(A, B), \delta(B, A)) . \tag{2.10}$$

Hierdurch ist in der Menge aller beschränkten und abgeschlossenen Teilmengen von $\mathbb{R} \times Z$ eine Metrik, die sog. HAUSDORFF-Metrik, gegeben. Für beliebige Teilmengen A, B von $\mathbb{R} \times Z$ ist $\varrho(A, B)$ im allgemeinen nicht endlich und überdies gilt nicht $\varrho(A, B) = 0 \Rightarrow A = B$. Im allgemeinen gilt jedoch $\varrho(A, B) = 0 \Leftrightarrow \bar{A} = \bar{B}$, wobei $\bar{A}$ bzw. $\bar{B}$ die abgeschlossene Hülle von A bzw. B bezeichnet.

Nun sei $\{K_m\}$ eine Folge nichtleerer konvexer Teilmengen von $\mathbb{R} \times Z$. Für jedes m betrachten wir das

Problem (P_m): *Unter der Nebenbedingung $(\alpha, \theta_Z) \in K_m$ ist die Zahl α zum Minimum zu machen.*

Wir definieren den Wert des Problems (P_m) durch

$$v(P_m) = \begin{cases} \inf\limits_{(\alpha, \theta_Z) \in K_m} \alpha, \text{ falls } K_m \cap [\mathbb{R} \times \{\theta_Z\}] \text{ nichtleer ist,} \\ + \infty \quad \text{sonst.} \end{cases} \tag{2.11}$$

In Analogie zu Problem (D) ordnen wir jedem Problem (P_m) als duales Problem ein Problem (D_m) zu, das wir dadurch erhalten, daß wir im Problem (D) die Menge K durch K_m ersetzen. Analog zu K^* und $v^*(D)$ definieren wir

$$K_m^* = \{(\beta, l) \in \mathbb{R} \times Z^* : \alpha - l(z) \geqq \beta \ \forall (\alpha, z) \in K_m\} \tag{2.2$_m$}$$

und

$$v^*(D_m) = \begin{cases} \sup\limits_{(\beta, l) \in K_m^*} \beta, \text{ falls } K_m^* \text{ nichtleer ist,} \\ - \infty \quad \text{sonst.} \end{cases} \tag{2.3$_m$}$$

Nach diesen Vorbereitungen erhalten wir als Stetigkeitssatz den

Satz 2.3: *Sei die Generalvoraussetzung erfüllt. Ist dann $\{K_m\}$ eine Folge nichtleerer konvexer Teilmengen von $\mathbb{R} \times Z$ mit*

$$\lim_{m\to\infty} \varrho(K, K_m) = 0\,, \tag{2.12}$$

wobei ϱ die durch (2.10) definierte Hausdorff-Metrik ist, und gibt es ein m_0 derart, daß für alle $m \geqq m_0$ ein $\alpha_m \in \mathbb{R}$ mit $(\alpha_m, \theta_Z) \in \mathring{K}_m$ = Inneres von K existiert, so ist für genügend großes m der durch (2.11) gegebene Wert $v(P_m)$ des Problems (P_m) endlich, und es gilt

$$\lim_{m\to\infty} v(P_m) = v(P)\,. \tag{2.13}$$

Beweis: Sei $\eta > 0$ beliebig vorgegeben, Nach Satz 2.1 ist K^* nichtleer, und es gibt ein Paar $(\beta, l) \in K^*$ mit

$$v(P) - \frac{\eta}{2} = v^*(D) - \frac{\eta}{2} \leqq \beta\,. \tag{2.14}$$

Aus Satz 2.2 folgt

$$||l|| \leqq \frac{1}{\sigma}\left\{\alpha_0 - v(P) + \frac{\eta}{2}\right\} = B_\eta$$

für ein passendes $\sigma > 0$. Wir wählen jetzt $\varepsilon > 0$ so klein, daß

$$\varepsilon\{1 + B_\eta\} \leqq \frac{\eta}{2} \tag{2.15}$$

gilt. Wegen (2.12) gibt es dann zu jedem solchen $\varepsilon > 0$ ein $m(\varepsilon)$ derart, daß für alle $m \geqq m(\varepsilon)$ zu jedem $(\alpha, z) \in K_m$ ein $(\bar\alpha, \bar z) \in K$ existiert mit $|\alpha - \bar\alpha| \leqq \varepsilon$ und $||z - \bar z|| \leqq \varepsilon$.

Zu vorgegebenem $(\alpha, z) \in K_m$ erhalten wir damit wegen $\bar\alpha - l(\bar z) \geqq \beta$

$$\begin{aligned}\alpha - l(z) &\geqq (\alpha - \bar\alpha) - l(z - \bar z) + \beta \geqq \beta - |\alpha - \bar\alpha| - ||l||\,||z - \bar z|| \geqq \beta - \varepsilon\{1 + ||l||\}\\ &\geqq \beta - \varepsilon\{1 + B_\eta\} \geqq \beta - \frac{\eta}{2}.\end{aligned}$$

Damit ist $(\beta - (\eta/2), l) \in K_m^*$ für alle $m \geqq m(\varepsilon)$ und für $m(\varepsilon) \geqq m_0$ nach Satz 2.1

$$\beta - \frac{\eta}{2} \leqq v^*(D_m) = v(P_m)\,.$$

Unter Verwendung von (2.14) erhalten wir damit

$$v(P) - \eta \leqq v(P_m) \tag{2.16}$$

für alle $m \geqq m(\varepsilon) = m_1(\eta) \geqq m_0$.

Nun gilt wegen (2.12) für alle $m \geqq m(\varepsilon)$ aber auch, daß es zu jedem Paar $(\alpha, z) \in K$ ein Paar $(\bar\alpha, \bar z) \in K_m$ gibt mit $|\alpha - \bar\alpha| \leqq \varepsilon$ und $||z - \bar z|| \leqq \varepsilon$.

Zu vorgegebenem $m \geqq m(\varepsilon) = m_1(\eta)$ wählen wir ein Paar $(\beta, l) \in K_m^*$ mit

$$v(P_m) - \frac{\eta}{2} = v^*(D_m) - \frac{\eta}{2} \leqq \beta\,. \tag{2.17}$$

Für jedes Paar $(\alpha, z) \in K$ und das obige Paar $(\bar\alpha, \bar z) \in K_m$ ergibt sich dann wegen $\bar\alpha - l(\bar z) \geqq \beta$

$$\alpha - l(z) \geqq (\alpha - \bar\alpha) + l(z - \bar z) + \beta \geqq \beta - |\alpha - \bar\alpha| - ||l||\,||z - \bar z|| \geqq \beta - \varepsilon\{1 + ||l||\} \tag{2.18}$$

und somit $(\beta - \varepsilon\{1 + ||l||\}, l) \in K^*$.

Nach Satz 2.2 ist daher

$$||l|| \leqq \frac{1}{\sigma}\{a_0 - \beta + \varepsilon\{1 + ||l||\}\}$$

für ein passendes festes $\sigma > 0$. Wählt man $\varepsilon \in (0, \sigma/2)$ so, daß (2.15) gilt, so folgt aus dieser Ungleichung

$$||l|| \leqq \frac{2}{\sigma}\left\{\alpha_0 - \beta + \frac{\sigma}{2}\right\}$$

und unter Berücksichtigung von (2.16) und (2.17)

$$||l|| \leqq \frac{2}{\sigma}\left\{\alpha_0 - v(P_m) + \frac{\eta}{2} + \frac{\sigma}{2}\right\} \leqq \frac{2}{\sigma}\left\{\alpha_0 - v(P) + \frac{3}{2}\eta + \frac{\sigma}{2}\right\} = \bar B_\eta\,.$$

Aus (2.18) folgt sodann

$$\alpha - l(z) \geqq \beta - \varepsilon\{1 + \bar B_\eta\} \quad \text{für alle} \quad (\alpha, z) \in K\,,$$

d. h. $(\beta - \varepsilon\{1 + \bar B_\eta\}, l) \in K^*$ und somit

$$\beta - \varepsilon\{1 + \bar B_\eta\} \leqq v^*(D) = v(P)\,.$$

Wählt man $\varepsilon \in (0, \sigma/2)$ mit (2.15) überdies so klein, daß

$$\varepsilon\{1 + \bar B_\eta\} \leqq \frac{\eta}{2}$$

gilt, dann erhält man unter Benutzung von (2.17)

$$v(P_m) \leqq \beta + \frac{\eta}{2} \leqq v(P) + \eta \tag{2.19}$$

für alle $m \geqq m(\varepsilon) = m_2(\eta) \geqq m_0$.

Aus (2.16) und (2.19) folgt schließlich

$$|v(P_m) - v(P)| \leqq \eta$$

für alle $m \geqq m_2(\eta)$, was den Beweis vollendet.

3. Anwendungen

Wir betrachten wieder wie in Abschnitt 1 das konvexe Optimierungsproblem, unter den Nebenbedingungen (1.2) das Funktional $f = f(x)$ zum Minimum zu machen.

Generalvoraussetzung: *Der offene Kern $\mathring{Y}$ von Y sei nichtleer, und es gebe ein $x_0 \in X$ mit $g(x_0) \in \mathring{Y}$. Ferner gelte für den durch* (1.4) *definierten Extremalwert*: $v(P) > -\infty$.

Wie in Abschnitt 1 bereits bemerkt, ist das obige Problem äquivalent zu dem

Problem (P): *Unter der Nebenbedingung $(\alpha, \theta_Z) \in K$ ist die Zahl α zum Minimum zu machen.*

Dabei ist die konvexe Menge $K \subseteq \mathbb{R} \times Z$ durch (1.5) definiert. Auf Grund der Generalvoraussetzung folgt für jedes $r > 0$

$$(f(x_0) + r, \theta_Z) \in \mathring{K} = \text{offener Kern von } K,$$

und der durch (1.6) definierte Extremalwert $v(P)$ ist endlich.

Damit ist auch die Generalvoraussetzung von Abschnitt 2 erfüllt. Wir wollen jetzt die durch (1.5) gegebene Menge K dadurch abändern, daß wir f und g ändern. Zu dem Zweck betrachten wir eine Folge $\{f_m\}$ von konvexen Funktionalen $f_m : E \to \mathbb{R}$ und eine Folge $\{g_m\}$ von konkaven Abbildungen $g_m : E \to Z$ mit

$$\lim_{m\to\infty} \sup_{x\in X} |f(x) - f_m(x)| = 0 \tag{3.1}$$

und

$$\lim_{m\to\infty} \sup_{x\in X} \|g(x) - g_m(x)\| = 0 . \tag{3.2}$$

Für jedes m definieren wir die konvexe Menge

$$K_m = \{(f_m(x) + r, g_m(x) - y) : r \geqq 0, x \in X, y \in Y\} \tag{3.3}$$

und betrachten das

Problem (P_m): *Unter der Nebenbedingung $(\alpha, \theta_m) \in K_m$ ist die Zahl α zum Minimum zu machen.*

Dieses ist äquivalent zu der Minimierung von $f_m(x)$ unter den Nebenbedingungen

$$x \in X, \qquad g_m(x) \in Y .$$

Definiert man

$$S_m = \{x \in X : g_m(x) \in Y\} , \tag{3.4}$$

so gilt

$$S_m \text{ nichtleer} \Leftrightarrow K_m \cap [\mathbb{R} \times \{\theta_Z\}] \text{ nichtleer},$$

und der durch (2.11) definierte Wert $v(P_m)$ des Problems (P_m) ist gegeben durch

$$v(P_m) = \begin{cases} \inf_{x\in S_m} f_m(x), \text{ falls } S_m \text{ nichtleer ist,} \\ +\infty \text{ sonst.} \end{cases} \tag{3.5}$$

Durch Anwendung von Satz 2.3 erhalten wir den

Satz 3.1: *Sei die obige Generalvoraussetzung erfüllt. Sind dann $\{f_m\}$ bzw. $\{g_m\}$ Folgen konvexer Funktionale $f_m : E \to \mathbb{R}$ bzw. konkaver Abbildungen $g_m : E \to Z$ mit* (3.1) *bzw.* (3.2), *so ist für genügend großes m die durch* (3.4) *definierte Menge S_m nichtleer, der zugehörige, durch* (3.5) *definierte Wert $v(P_m)$ des Problems (P_m) endlich, und es gilt*

$$\lim_{m\to\infty} v(P_m) = v(P) .$$

Beweis: Wie oben bereits bemerkt, ist die Generalvoraussetzung von Abschnitt 2 erfüllt. Sei $\varepsilon_0 > 0$ so gewählt, daß mit dem x_0 der obigen Generalvoraussetzung gilt:

$$y \in \mathring{Y} \quad \text{für alle} \quad y \in Z \quad \text{mit} \quad \|y - g(x_0)\| \leqq \varepsilon_0 .$$

Daraus folgt wegen (3.2)

$$g_m(x_0) \in \mathring{Y} \quad \text{für alle} \quad m \geqq m_0 = m(\varepsilon_0) .$$

Insbesondere ist also S_m für alle diese m nichtleer. Weiterhin gilt für jedes $r > 0$

$$(f_m(x_0) + r, \theta_Z) \in \overset{\circ}{K}_m = \text{Inneres von } K_m.$$

Schließlich folgt die Konvergenzvoraussetzung (2.12) unmittelbar aus (3.1) und (3.2). Damit sind alle Voraussetzungen von Satz 2.3 erfüllt, der die restlichen Behauptungen von Satz 3.1 gewährleistet.

Für den Fall, daß keine expliziten Nebenbedingungen in der Form $g(x) \in Y$ auftreten, was wir offenbar durch die Annahme $Y = Z$ beschreiben können, ist der erste Teil der Generalvoraussetzung erfüllt, und die Annahme (3.2) wird entbehrlich. Aus Satz 3.1 ergibt sich sodann unmittelbar das

Korollar: *Sei X eine nichtleere konvexe Teilmenge von E und*

$$v(P) = \inf_{x \in X} f(x) > -\infty .$$

Ferner sei $\{f_m\}$ eine Folge konvexer Funktionale $f_m : E \to \mathbb{R}$ mit (3.1). *Dann ist für genügend großes m*

$$v(P_m) = \inf_{x \in X} f_m(x) > -\infty ,$$

und es gilt

$$\lim_{m \to \infty} v(P_m) = v(P) .$$

Wir wollen dieses Korollar an einem konvexen Optimierungsproblem demonstrieren, das im Zusammenhang mit Approximationsproblemen ohne Nebenbedingungen auftritt und für das wir anschließend zwei Beispiele nennen.

Zu dem Zweck betrachten wir einen kompakten metrischen Raum T, dessen Metrik wir mit $d = d(s, t)$, $s, t \in T$, bezeichnen, und einen normierten Vektorraum F, dessen Norm wir mit $\|\cdot\|$ bezeichnen. Sei $C_F(T)$ der Vektorraum aller stetigen Abbildungen $h : T \to F$, d. h. aller Abbildungen h mit

$$\lim_{k \to \infty} d(t_k, t) = 0 \Rightarrow \lim_{k \to \infty} \|h(t_k) - h(t)\| = 0 . \tag{3.6}$$

Wir denken uns $C_F(T)$ mit der Maximum-Norm

$$\|h\|_T = \max_{t \in T} \|h(t)\| , \qquad h \in C_F(T) , \tag{3.7}$$

versehen.

Vorgegeben seien linear unabhängige Funktionen $v_1, \ldots, v_n, g \in C_F(T)$; dann betrachten wir das

Approximationsproblem: *Gesucht ist ein $\hat{x} \in \mathbb{R}^n$ derart, daß*

$$\left\| \sum_{j=1}^n v_j \hat{x}_j - g \right\|_T \leqq \left\| \sum_{j=1}^n v_j x_j - g \right\|_T \tag{3.8}$$

für alle $x \in \mathbb{R}^n$ gilt.

Wir setzen $E = \mathbb{R}^n$ und definieren ein konvexes Funktional $f : E \to \mathbb{R}$ durch

$$f(x) = \left\| \sum_{j=1}^n v_j x_j - g \right\|_T , \qquad x \in \mathbb{R}^n . \tag{3.9}$$

Das Approximationsproblem ist dann gleichbedeutend mit der Minimierung von f auf E, und es gilt

$$v(P) = \inf_{x \in E} f(x) \geqq 0 . \tag{3.10}$$

Für jedes natürliche m denken wir uns nun eine Teilmenge $T_m = \{t_1, \ldots, t_m\}$ von T derart gewählt, daß

$$\lim_{m \to \infty} \max_{s \in T} \min_{t \in T_m} d(s, t) = 0 \tag{3.11}$$

gilt. Die Existenz einer solchen Folge $\{T_m\}$ ist auf Grund der Kompaktheit von T gewährleistet.

In $C_T(F)$ definieren wir für jedes m eine Halbnorm durch

$$\|h\|_{T_m} = \max_{t \in T_m} \|h(t)\| , \qquad h \in C_F(T) , \tag{3.12}$$

und betrachten anstelle von (3.8) das sogenannte

diskrete Approximationsproblem: *Gesucht ist ein $x_m \in \mathbb{R}^n$ mit*

$$\left\| \sum_{j=1}^n v_j x_{mj} - g \right\|_{T_m} \leqq \left\| \sum_{j=1}^n v_j x_j - g \right\|_{T_m} \tag{3.13}$$

für alle $x \in \mathbb{R}^n$.

Wir setzen wieder $E = \mathbb{R}^n$ und definieren ein konvexes Funktional $f_m : E \to \mathbb{R}$ durch

$$f_m(x) = \left\| \sum_{j=1}^n v_j x_j - g \right\|_{T_m} , \qquad x \in \mathbb{R}^n . \tag{3.14}$$

Dann ist für alle m

$$v(P_m) = \inf_{x \in E} f_m(x) \geqq 0 . \tag{3.15}$$

Nun sei V der von $v_0 = g, v_1, \ldots, v_n \in C_F(T)$ aufgespannte lineare Teilraum von $C_F(T)$. Dann gilt als unmittelbare Verallgemeinerung von Lemma 1 in [1] auf S. 85 das

Lemma: *Zu jedem* $\alpha > 1$ *gibt es ein* $\delta = \delta(\alpha)$ *derart, daß für alle* m *mit*

$$\max_{s \in T} \min_{t \in T_m} d(s, t) \leqq \delta \tag{3.16}$$

gilt

$$||v||_T \leqq \alpha ||v||_{T_m} \quad \text{für alle} \quad v \in V \tag{3.17}$$

mit $||\cdot||_T$ *nach* (3.7) *und* $||\cdot||_{T_m}$ *nach* (3.12).

Beweis: Jedes $v \in V$ hat die Form

$$v = \sum_{j=0}^{n} x_j v_j , \qquad x \in \mathbb{R}^n .$$

Setzt man

$$\lambda = \min \left\{ \left|\left| \sum_{j=0}^{n} x_j v_j \right|\right|_T : ||x||_\infty = \max_{j=0,\ldots,n} |x_j| = 1 \right\} ,$$

so ist wegen der linearen Unabhängigkeit von $v_0, \ldots, v_n$ die Zahl $\lambda > 0$. Nun sei $t \in T$ so gewählt, daß $||v(t)|| = ||v||_T$ gilt. Dann ist für alle $k = 1, \ldots, m$

$$\begin{aligned} \lambda \, ||x||_\infty &\leqq ||v||_T = ||v(t)|| = ||v(t)|| - ||v(t_k)|| + ||v(t_k)|| \\ &\leqq ||v(t) - v(t_k)|| + ||v||_{T_m} \leqq \sum_{j=0}^{n} ||v_j(t) - v_j(t_k)|| \cdot ||x||_\infty + ||v||_{T_m} . \end{aligned} \tag{3.18}$$

Aus der Stetigkeit der Funktionen $v_0, \ldots, v_n$ im Sinne von (3.6) folgt auch die gleichmäßige Stetigkeit. Zu jedem $\varepsilon \in (0, \lambda)$ gibt es daher ein $\delta(\varepsilon)$ mit

$$\sum_{j=0}^{n} ||v_j(t) - v_j(t_k)|| \leqq \varepsilon ,$$

falls für $\delta = \delta(\varepsilon)$ die Bedingung (3.16) erfüllt ist. Aus (3.18) folgt dann

$$\lambda ||x||_\infty \leqq \varepsilon ||x||_\infty + ||v||_{T_m} \Rightarrow ||x||_\infty \leqq \frac{||v||_{T_m}}{\lambda - \varepsilon}$$

und weiter

$$||v||_T \leqq \left\{ \frac{\varepsilon}{\lambda - \varepsilon} + 1 \right\} ||v||_{T_m} .$$

Setzt man

$$\alpha = \frac{\varepsilon}{\lambda - \varepsilon} + 1 ,$$

so gilt $\alpha \downarrow 1$, falls gilt $\varepsilon \downarrow 0$. Damit ist alles bewiesen.

Nun ist offenbar $v(P) \leqq ||g||_T$. Definiert man daher

$$X = \{x \in E : f(x) \leqq 2||g||_T\} ,$$

so ist X eine nichtleere konvexe Teilmenge von E und

$$v(P) = \inf_{x \in X} f(x) \qquad (\text{für } v(P) \text{ nach } (3.10)).$$

Für jedes m gilt $v(P_m) \leqq ||g||_{T_m} \leqq ||g||_T$. Damit ist

$$v(P_m) = \inf_{x \in X_m} f_m(x) \qquad (\text{für } v(P_m) \text{ nach } (3.15))$$

mit

$$X_m = \{x \in E : f_m(x) \leqq ||g||_T\} .$$

Wählt man nun in dem obigen Lemma $\alpha = 2$ und $\delta_0 = \delta(2)$, so gibt es wegen (3.11) ein m_0 derart, daß (3.16) für alle $m \geqq m_0$ erfüllt ist. Daraus folgt dann (3.17), d. h.

$$f(x) \leqq 2 f_m(x) \qquad \text{für alle} \qquad m \geqq m_0 .$$

Wählt man $m \geqq m_0$, so ist also für jedes $x \in X_m$

$$f(x) \leqq 2 f_m(x) \leqq 2 \, ||g||_T , \qquad \text{d. h.} \qquad x \in X .$$

Daraus folgt

$$v(P_m) = \inf_{x \in X} f_m(x) \qquad \text{für alle} \qquad m \geqq m_0$$

mit $v(P_m)$ nach (3.15).

Nun sei $\varepsilon > 0$ vorgegeben. Dann wählen wir α mit $(\alpha - 1) \|f\|_T \leqq \varepsilon$ und $m(\alpha) = m_1(\varepsilon) \geqq m_0$ so, daß (3.16) und damit (3.17) erfüllt sind. Dann ist für alle $m \geqq m_1(\varepsilon)$ nach dem obigen Lemma

$$0 \leqq f(x) - f_m(x) \leqq (\alpha - 1) f_m(x) \leqq (\alpha - 1) \|g\|_T \leqq \varepsilon \qquad \text{für alle } x \in X .$$

Damit ist (3.1) erfüllt, und aus dem Korollar zu Satz 3.1 folgt

$$\lim_{m \to \infty} v(P_m) = v(P) . \tag{3.19}$$

Beispiele:

1. Sei $F = \mathbb{R}$, versehen mit dem üblichen Betrag als Norm. Dann ist das Approximationsproblem (3.8) das bekannte lineare Tschebyscheff-Problem, und die Konvergenzaussage (3.19) findet sich bereits bei Cheney [1].
2. Vorgegeben sei eine lineare Integralgleichung zweiter Art

$$u(t) - \int_a^b K(t, s)\, u(s)\, ds = k(t) , \tag{3.20}$$

$t \in [a, b]$. Wir nehmen an, daß der Kern $K(t, s)$ in beiden Veränderlichen stetig ist und daß gilt

$$\max_{t \in [a,b]} \int_a^b |K(t, s)|\, ds < 1 . \tag{3.21}$$

Ferner sei k ebenfalls stetig. Dann hat (3.20) bekanntlich genau eine stetige Lösung $\hat{u} = \hat{u}(t)$. Um $\hat{u}$ näherungsweise zu berechnen, kann man den Kern K durch ausgeartete Kerne der Gestalt

$$K(t, s, x) = \sum_{j=1}^{n} \varphi_j(t)\, \psi_j(s)\, x_j , \qquad x \in \mathbb{R}^n ,$$

ersetzen, wobei $\{\varphi_j\}$ und $\{\psi_j\}$ vorgegebene Systeme stetiger Funktionen auf $[a, b]$ sind.

Dann läßt sich unter Umständen durch Lösung eines passenden linearen Gleichungssystems eine Lösung $u(x) = u(x, t)$ der Gestalt

$$u(x, t) = \sum_{j=1}^{n} \lambda_j(x)\, \varphi_j(t) + k(t) , \qquad t \in [a, b] ,$$

für die Näherungsgleichung

$$u(t) - \int_a^b K(t, s, x)\, u(s)\, ds = k(t)$$

gewinnen (vgl. z. B. [2] und [7]) und auch eine Fehlerabschätzung aufstellen. $u(x)$ wird eine um so bessere Näherung für $\hat{u}$ sein, je besser der ausgeartete Kern $K(t, s, x)$ den Kern $K(t, s)$ approximiert. Legt man im Vektorraum der stetigen reellwertigen Funktionen auf $[a, b]$ die Maximum-Norm zugrunde, um den Fehler $\hat{u} - u(x)$ zu messen, so erweist sich als Maß für den Fehler $K(t, s, x) - K(t, s)$ die durch (3.21) gegebene gemischte Norm im Raum der stetigen reellwertigen Funktionen auf $[a, b] \times [a, b]$ als sinnvoll. Man wird also auf die folgende Approximationsaufgabe geführt: Gesucht ist ein $x \in \mathbb{R}^n$ derart, daß

$$\max_{t \in [a, b]} \int_a^b \left| \sum_{j=1}^{n} \varphi_j(t)\, \psi_j(s)\, x_j - K(t, s) \right| ds$$

minimal ausfällt.

Um die obige Theorie anwenden zu können, wählen wir $T = [a, b]$ und für F den Vektorraum der stetigen Funktionen auf T, versehen mit der L_1-Norm

$$\|\psi\|_1 = \int_a^b |\psi(s)|\, ds , \qquad \psi \in F .$$

Weiterhin definieren wir Funktionen $v_1, \ldots, v_n, g : T \to F$ durch

$$v_j(t) = \varphi_j(t)\, \psi_j(\cdot) \quad \text{und} \quad g(t) = K(t, \cdot) , \qquad t \in T .$$

Offenbar sind $v_1, \ldots, v_n, g$ stetig, und wir denken uns die Systeme $\{\varphi_j\}$ und $\{\psi_j\}$ so gewählt, daß $v_1, \ldots, v_n$, g in $C_F(T)$ linear unabhängig sind.

Mit der Maximum-Norm (3.7) in $C_F(T)$ geht die obige Approximationsaufgabe über in das Approximationsproblem (3.8). Bei der Diskretisierung dieses Problems bieten sich die folgenden Teilmengen an:

$$T_m = \left\{ t_k \in T : t_k = a + \frac{k-1}{m-1}(b - a), \quad k = 1, \ldots, m \right\}. \tag{3.22}$$

Für diese ist (3.11) erfüllt (mit $d(s, t) = |s - t|$).

Abschließend wollen wir noch die stetige Änderung der Nebenbedingung $g(x) \in Y$ im Sinne von (3.2) an einem linearen Optimierungsproblem mit unendlich vielen Nebenbedingungen erörtern, das typisch ist für Optimierungsaufgaben, die bei der numerischen Lösung von Differentialgleichungen mit Monotoniesätzen auftreten.

Sei $E = \mathbb{R}^n$, X sei eine kompakte konvexe Teilmenge von E, etwa ein konvexes Polyeder. Mit $T = [a, b]$ sei $C(T)$ der Vektorraum der stetigen reellwertigen Funktionen auf T, versehen mit der Maximum-Norm. $C(T)$ sei halbgeordnet mit Hilfe des Ordnungskegels

$$Y = \{y \in C(T) : y(t) \geqq 0 \text{ für alle } t \in T\} .$$

Vorgegeben seien linear unabhängige Funktionen $\varphi_1, \ldots, \varphi_n, \varphi \in C(T)$. Wir setzen $Z = C(T)$ und definieren eine Abbildung $g : E \to Z$ durch

$$g(x, t) = \sum_{j=1}^{n} \varphi_j(t)\, x_j - \varphi(t) ,$$

$x \in \mathbb{R}^n$, $t \in T$. Schließlich seien noch $c_1, \ldots, c_n \in \mathbb{R}$ vorgegeben. Dann betrachten wir das

Problem: *Unter den Nebenbedingungen*

$$x \in X , \quad g(x) \in Y$$

ist

$$f(x) = \sum_{j=1}^{n} c_j\, x_j$$

zum Minimum zu machen.

Wir nehmen an, es gebe ein $x_0 \in X$ mit

$$g(x_0) \in \mathring{Y} = \{y \in C(T) : y(t) > 0 \quad \text{für alle} \quad t \in T\} .$$

Dann ist insbesondere

$$S = \{ x \in X : g(x) \in Y\}$$

nichtleer und wegen der Kompaktheit von X, der Abgeschlossenheit von Y und der Stetigkeit von g im Sinne von (3.6) (mit $d(s, t) = |s - t|$ und $\|\cdot\|$ = Maximum-Norm in $Z = C(T)$) sogar kompakt, was die Lösbarkeit des Problems und somit

$$v(P) = \min_{x \in S} f(x) > -\infty$$

sicherstellt. Damit ist die obige Generalvoraussetzung erfüllt. Nun sei $\{T_m\}$ eine Folge von Teilmengen $T_m = \{t, \ldots, t_m\}$ von T derart, daß (3.11) erfüllt ist mit $d(s, t) = |s - t|$ und $t_1 = a$ sowie $t_m = b$, etwa Teilmengen der Gestalt (3.22). Wir nehmen die t_k der Größe nach geordnet an und definieren für jedes m eine Abbildung $g_m : E \to Z$ durch

$$g_m(x, t) = \frac{t - t_k}{t_{k+1} - t_k}\, g(x, t_{k+1}) + \frac{t_{k+1} - t}{t_{k+1} - t_k}\, g(x, t_k) ,$$

falls $t_k \leqq t \leqq t_{k+1}$ ist.

Da g in x linear und damit konkav ist, ist auch g_m in x linear und damit konkav. Weiterhin gilt

$$g_m(x) \in Y \Leftrightarrow g(x, t_k) \geqq 0 \qquad \text{für alle } k. \tag{3.23}$$

Für jedes m betrachten wir das

Problem (P_m): *Unter den Nebenbedingungen*

$$x \in X , \quad g_m(x) \in Y$$

ist $f(x)$ zum Minimum zu machen.

Setzt man

$$S_m = \{x \in X : g_m(x) \in Y\} ,$$

so ist wegen $S \subseteq S_m$ (auf Grund von (3.23)) für jedes m die Menge S_m nichtleer. Sei

$$v(P_m) = \inf_{x \in S_m} f(x) .$$

Auf Grund der Kompaktheit von X und der Stetigkeit von g ist die Menge

$$\{g(x) : x \in X\} \subseteq Z$$

gleichgradig gleichmäßig stetig auf T. Wählt man daher $\varepsilon > 0$ beliebig, so ist für alle $x \in X$

$$|g(x, t) - g(x, s)| \leqq \varepsilon , \qquad \text{falls} \qquad |t - s| \leqq \delta(\varepsilon) \text{ ist.}$$

Wählt man $m(\varepsilon)$ so groß, daß für alle $m \geqq m(\varepsilon)$ gilt

$$\max_{t \in T} \min_{k} |t - t_k| \leqq \frac{1}{2} \delta(\varepsilon) ,$$

so ergibt sich für alle $x \in X$ wegen

$$|g_m(x, t) - g(x, t)| \leqq |g(x, t_{k+1}) - g(x, t)| + |g(x, t_k) - g(x, t)| \quad \text{für} \quad t_k \leqq t \leqq t_{k+1}$$

die Abschätzung

$$||g_m(x) - g(x)|| \leqq 2\,\varepsilon .$$

Damit ist die Voraussetzung (3.2) erfüllt, und die Anwendung von Satz 3.1 liefert

$$v(P_m) > -\infty \quad \text{für genügend großes } m$$

sowie

$$\lim_{m \to \infty} v(P_m) = v(P) .$$

Literatur

1 Cheney, E. W., Introduction to Approximation Theory, New York, 1966, Mc Graw-Hill.
2 Collatz, L., Numerische Behandlung von Differentialgleichungen, Berlin–Göttingen–Heidelberg 1951, Springer.
3 Collatz, L. und Wetterling, W., Optimierungsaufgaben, Berlin–Heidelberg–New York 1966, Springer.
4 Dantzig, G. B., Folkman, J. and Shapiro, N., On the Continuity of the Minimum Set of a Continuous Function, J. Math. Anal. Appl. **17**, 519–548 (1967).
5 Hausdorff, F., Mengenlehre, Berlin und Leipzig 1927, zweite Auflage, Walter de Gruyter u. Co.
6 Köthe, G., Topologische lineare Räume I, Berlin-Göttingen-Heidelberg 1960, Springer.
7 Kantorowitsch, L. W. und Krylow, W. J., Näherungsmethoden der höheren Analysis, Berlin 1956, VEB Deutscher Verlag der Wissenschaften.
8 van Slyke, R. M. and Wets, R. J.-B., A Duality Theory for Abstract Mathematical Programms with Applications to Optimal Control Theory, J. Math. Anal. Appl. **22**, 679–706 (1968).

Eingereicht am 6. 10. 1971

Anschrift: Prof. Dr. W. Krabs, Institut für Geometrie und Praktische Mathematik der RWTH Aachen,
51 Aachen, Templergraben 55 (BRD)

KLEINE MITTEILUNGEN

ZAMM 52, 369 – 371 (1972)

S. P. DAS GUPTA

Deflection of a Thin Circular Plate under Mixed boundary Condition with Clamped and Simply Supported Edge

1. The Problem and its Preliminaries

A mixed boundary value problem of a thin circular disk with partly clamped and partly free edge is solved by GLADWELL [1] in the line of MUSKELISHVILI [2] and GREEN and ZERNA [3]. Here another mixed boundary value problem of a thin circular plate with partly clamped and partly simply supported edge is solved exactly in the line of a previous work of author [4]. The notations and the general expressions in this paper are followed from TIMOSHENKO–WOINOWSKY-KRIEGER [5].

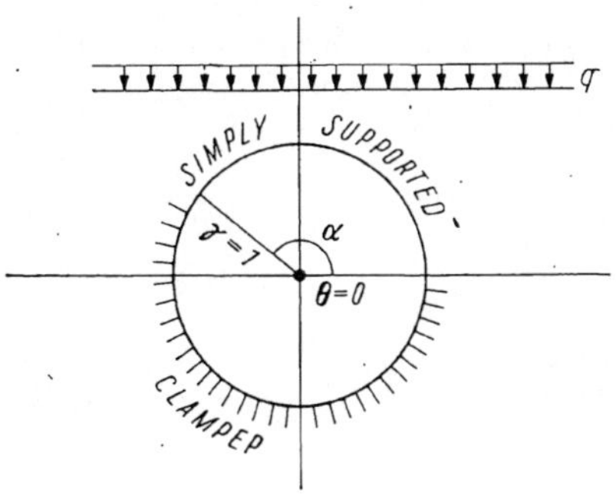

Fig. 1*

*) CLAMPED statt CLAMPEP

Let us consider an uniformly loaded thin elastic and isotropic circular plate of unit radius (Fig. 1) whose deflection ω is given by the biharmonic differential equation

$$\nabla^4_{r\theta}\,\omega = \left[\frac{1}{r}\frac{\partial}{\partial r} r \frac{\partial}{\partial r} + \frac{\partial^2}{r^2\,\partial\theta^2}\right]\left[\frac{1}{r}\frac{\partial}{\partial r} r \frac{\partial}{\partial r} + \frac{1}{r^2}\frac{\partial^2}{\partial^2\theta}\right]\omega = q/D\,. \tag{1}$$

The plate is supposed to be in equilibrium with partly clamped and partly simply supported edge such that ω satisfies the following conditions on $r = 1$

$$\omega|_{r=1} = \left.\frac{\partial\omega}{\partial r}\right|_{r=1} = 0 \qquad (\alpha < \theta \leqq 2\pi) \tag{2a}$$

and

$$\omega|_{r=1} = \left.\frac{\partial^2\omega}{\partial r^2}\right|_{r=1} + \nu\left.\left(\frac{1}{r}\frac{\partial\omega}{\partial r} + \frac{1}{r^2}\frac{\partial^2\omega}{\partial\theta^2}\right)\right|_{r=1} = 0\,; \qquad (0 \leqq \theta \leqq \alpha) \tag{2b}$$

where r, θ, ν, q, D are conventional symbols, and α is an angle such that $0 < \alpha < 2\pi$. The solution of the eqn. (1) can be taken as

$$\omega = \frac{q}{64\,D}(r^4 - 1) + \sum_{n=0}^{\infty} r^n[(\alpha_n + \beta_n r^2)\cos n\theta + (\gamma_n + \delta_n r^2)\sin n\theta]\,. \tag{3}$$

The boundary conditions (2a) and (2b) lead finally to the relations

$$\beta_n = -\alpha_n\,, \qquad \delta_n = -\gamma_n \tag{4}$$

and

$$\sum_{n=0}^{\infty}(\beta_n \cos n\,0 + \delta_n \sin n\,\theta) = \frac{q}{32\,D}\,, \quad \alpha < \theta \leqq 2\pi\,, \tag{5a}$$

$$\sum_{n=0}^{\infty}\left(n + \frac{1}{2}h\right)(\beta_n\cos n\theta + \delta_n \sin n\theta) = -\frac{q}{64\,D}(3+\nu)\,, \quad 0 \leqq \theta \leqq \alpha\,, \tag{5b}$$

where

$h = 1 + \nu$.

Instead of proceeding for any further direct attack to the dual series, the strategy for getting the solution, henceforth is to be directed in a different channel. It can be easily seen that a potential function satisfying the following set of relations

$$\nabla^2_{r\theta}\,\varphi = \frac{1}{r}\frac{\partial}{\partial r} r \frac{\partial\varphi}{\partial r} + \frac{1}{r^2}\frac{\partial^2\varphi}{\partial\theta^2} = 0\,,$$

$$\varphi|_{r=1} = -\frac{q}{32\,D}\,, \qquad \alpha < \theta \leqq 2\pi \tag{6}$$

$$\frac{\partial\varphi}{\partial r} + \left.\frac{1}{2}h\,\varphi\right|_{r=1} = -\frac{q(3+\nu)}{64\,D}\,, \qquad 0 \leqq \theta \leqq \alpha$$

for the region $0 \leqq \theta \leqq 2\pi$, $0 \leqq r < 1$ give rise to the same set of dual equation as given in (5a) and (5b). As the solution of potential function is unique under complete boundary conditions the values of (β_n, δ_n) that will be determined from (6) will generate the required solution of the set of dual series equation in (5a) and (5b).

2. The solution and results

To solve the reduced problem for φ the following conformal transformation (Fig. 2)

$$\zeta = \xi + i\left(\eta + \cot\frac{\alpha}{2}\right) = \frac{z+1}{1-z} \tag{7}$$

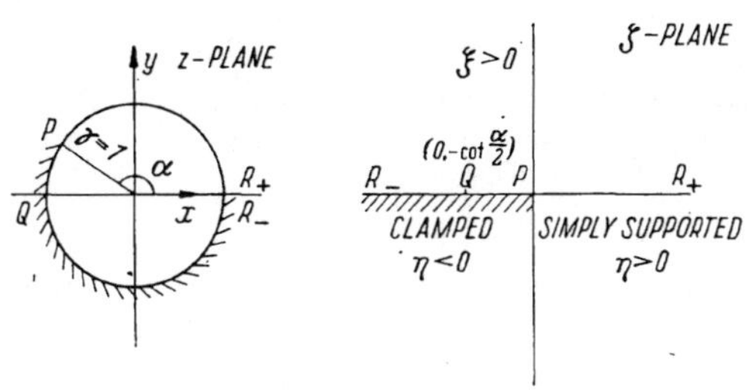

Fig. 2

which transforms the circular area of the problem to a semi-infinite half space $\xi \geqq 0$ and $-\infty < \eta < \infty$ is to be used. Under this transformation the set in eqn. (6) reform themselves as

$$\frac{\partial^2\varphi}{\partial\xi^2} + \frac{\partial^2\varphi}{\partial\eta^2} = 0 \tag{8}$$

$$\varphi(\xi, \eta)|_{\xi=0} = -Q \tag{8a}$$

and

$$[1 + (\eta + \cot\alpha/2)^2]\frac{\partial\varphi}{\partial\xi} - h\,\varphi\bigg|_{\xi=0} = (3+\nu)\,Q \tag{8b}$$

where $Q = q/32\,D$. Taking the solution of the equation (8) as

$$\varphi = -Q + \frac{1}{2\pi}\int_0^{\infty} A(t)\log\frac{(\eta-t)^2+\xi^2}{(\eta+t)^2+\xi^2}\,dt + \frac{1}{2\pi}\int_{-\infty}^{0} B(t)\left[\frac{1}{(\eta-t+i\,\xi)^{1/2}} + \frac{1}{(\eta-t-i\,\xi)^{1/2}}\right]dt \tag{9}$$

and using the boundary conditions (8a) and (8b) and observing that $\sqrt{\eta - t \pm i\,\xi}|_{\xi=0} = \pm i\sqrt{|\eta - t|}$ as $t > \eta$, the eqn. (9) yields the following pair of integral equations for the determination of $A(t)$ and $B(t)$,

$$\int_\eta^\infty B(-t)\frac{dt}{\sqrt{t-\eta}} = \int_0^\infty A(t)\log\left|\frac{\eta-t}{\eta+t}\right| dt\,, \quad \eta>0 \tag{10a}$$

and

$$A(\eta)\left[1+\left(\eta+\cot\frac{\alpha}{2}\right)^2\right]-\frac{h}{\pi}\int_0^\infty A(t)\log\left|\frac{\eta-t}{\eta+t}\right|dt -$$

$$-\frac{h}{\pi}\int_0^\infty B(t)\frac{dt}{\sqrt{\eta+t}} = 2\,Q\,,\quad \eta>0\,. \tag{10b}$$

Writing

$$A(\eta)=\frac{2\,Q}{1+(\eta+\cot\alpha/2)^2}+A_0(\eta) \tag{11}$$

and using MELLIN's transform to (10a) and (10b) with respect to η the following equations are derived

$$\frac{\Gamma(s)}{\Gamma(1/2+s)}\bar B\left(s+\frac{1}{2}\right)=-\pi^{1/2}\frac{\bar A(s+1)}{s}\tan(\pi s/2) \tag{12a}$$

$$\bar A_0(s+2)+\operatorname{cosec}^2\frac{\alpha}{2}\bar A_0(s)+$$

$$+\left(2\cot\frac{\alpha}{2}+\frac{h}{s}\tan\pi s\right)\bar A_0(s+1)=$$

$$=-\frac{2\,h\,Q}{s}\tan\pi s\sec\pi s\operatorname{cosec}\frac{\alpha}{2}\sin(s+1)\frac{\alpha}{2}\,, \tag{12b}$$

where

$$\bar A_0(s)=\int_0^\infty t^{s-1}A_0(t)\,dt\,,\quad \bar B(s)=\int_0^\infty B(-t)\,t^{s-1}\,dt\,,$$

$$0<s<1/2\,.$$

The difference equation (12b) is the primary equation of the problem, and its solution for $\bar A_0(s)$ will lead to the ultimate determination of the coefficients β_n, δ_n.

Representing $\bar A_0(s)$ as

$$\bar A_0(s)=h\,\beta\int_0^\infty t^{s-1}\,\psi(t)\,dt \tag{13}$$

it is very easy to obtain a differential equation for $\psi(t)$ as

$$\frac{d}{dt}\left[1+\left(t+\cot\frac{\alpha}{2}\right)^2\right]\psi(t)-h\,\beta\,\psi(t)=\frac{2\,Q}{1+(t+\cot\alpha/2)^2} \tag{14}$$

where $\psi(t)|_{t\to\infty}\to 0$ and $\beta=\tan(\pi s)$. β is treated as an invariant for the difference eqn. (12b) as $\tan\pi(s)=\tan\pi(s+1)=\tan\pi(s+2)$. The eqn. (14) very easily solves to

$$\psi(t)=-\frac{2\,Q}{h\,\beta}\,\frac{[1-e^{-h\beta\cot^{-1}(t+\cot\alpha/2)}]}{1+(t+\cot\alpha/2)^2} \tag{15}$$

and so

$$\bar A_0(s)=-2\,Q\int_0^\infty t^{s-1}\frac{1-\exp\{-h\tan\pi s\cot^{-1}(t+\cot\alpha/2)\}}{1+(t+\cot\alpha/2)^2}\,dt\,. \tag{16}$$

Eqn. (16) theoretically gives the exact solution of the mixed problem in terms of quadratures. It will also be shown in the following steps that very convenient and simple results are obtainable on further manipulation of the above relations.

Eqn. (16) gives $A_0(t)$ as

$$A_0(\eta)=\frac{1}{2\pi i}\int_{c-i\infty}^{c+i\infty}\eta^{-s}\bar A_0(s)\,ds$$

$$=-\frac{\eta^{1/2}\,Q}{\pi}\int_0^\infty\frac{\sin[h\cot^{-1}(t+\cot\alpha/2)]}{\sqrt{t}\,[1+(t+\cot\alpha/2)^2]}\,\frac{dt}{t-\eta}-$$

$$-2\,Q\,\frac{1-\cos[h\cot^{-1}(\eta+\cot\alpha/2)]}{1+(\eta+\cot\alpha/2)^2}-\frac{\eta^{1/2}\,Q}{\pi}\sum_{n=0}^\infty\frac{(-h)^n}{n!}\times$$

$$\times\int_0^\infty\frac{\tau_n(1/\pi\log t)\,[\cot^{-1}(t+\cot\alpha/2)]^n}{t^{1/2}\,[1+(t+\cot\alpha/2)^2]}\,\frac{dt}{t-\eta}\,, \tag{17}$$

where $\tau_n(x)$ is a polynomial which is to be determined from the following recursion formula

$$\tau_{n+1}(x)=\frac{x}{n}\tau_n(x)-\tau_{n-1}(x)\,,\qquad n=2,3,\ldots$$

with $\tau_1(x)=x$ and $\tau_2(x)=x^2/2$.

To determine the coefficients β_n and δ_n of the dual series given in eqn. (5a) and (5b), it is easy to see with the relations (8a) and (8b) that

$$\sum_{n=0}^\infty(\beta_n\cos n\,\theta+\delta_n\sin n\,\theta)=$$

$$=\begin{cases}-Q\,, & \alpha\leqq\theta\leqq 2\pi,\ -\infty<\eta<0\\ -\dfrac{Q(3+\nu)}{1+\nu}-\dfrac{1+(\eta+\cot\alpha/2)^2}{1+\nu}A(\eta)\,,\end{cases}$$

$$\left(\eta=\cot\frac{\theta}{2}-\cot\frac{\alpha}{2}\right),\ 0\leqq\alpha<\theta,\ 0\leqq\eta<\infty\,. \tag{18}$$

Eqn. (18) gives easily

$$\beta_n=\frac{4\,Q}{\pi(1+\nu)}\int_0^\infty A_0(\eta)\cos[2\,n\cot^{-1}(\eta+\cot\alpha/2)]\,d\eta \tag{19a}$$

$$\delta_n=\frac{4\,Q}{\pi(1+\nu)}\int_0^\infty A_0(\eta)\sin[2\,n\cot^{-1}(\eta+\cot\alpha/2)\,d\eta]\,,$$

$$n=1,2,3,\ldots \tag{19b}$$

and

$$\beta_0=-Q\,,\quad \alpha\leqq\pi\,,$$

$$\beta_0=-Q(4\,\alpha-2\,\pi+2\,\pi\,\nu)/2\,\pi(1+\nu)\,,\qquad \alpha>\pi.$$

The numerical values of β_n and δ_n for $n=1$ to 5, when $\nu=\cdot 3$ $\alpha=\pi$ correct upto four figures are given in the adjacent table.

n	β_n	δ_n
1	+0.14547	−0.44471
2	−0.02531	+0.02952
3	+0.01047	−0.12709
4	−0.00579	+0.00931
5	+0.00367	−0.07901

For $r \ll 1$ the deflection ω can be given roughly as

$$\omega=\frac{q}{64\,D}(1-2\,r^2)+O(r^3)\,,\quad \alpha\leqq\pi \tag{20a}$$

and

$$\omega=\frac{q}{64\,D}\left[\frac{4\,\alpha-3\,\pi+\nu\,\pi}{\pi(1+\nu)}-2\frac{(4\,\alpha-2\,\pi+2\,\pi\,\nu)}{\pi(1+\nu)}r^2\right]+O(r^3)\,,$$

$$\alpha>\pi\,. \tag{20b}$$

This gives the deflection at $r=0$ as

$$\omega=q/64\,D\,,\qquad \alpha\leqq\pi\,,$$

$$\omega=\frac{q(4\,\alpha-3\,\pi+\nu\,\pi)}{64\,D\,\pi(1+\nu)}\,,\qquad \alpha>\pi\,. \tag{21}$$

The equation (21) is an important and interesting one. It shows if an uniformly loaded plate is at least clamped along its boundary over half the circumference with remaining portion simply supported, its central deflection is same as if the whole of the circumference is clamped.

The slope of the plate for the region $\theta < \alpha$, $r = 1$ i. e. $\xi = 0$, $\eta > 0$ is given by

$$\left.\frac{\partial \omega}{\partial r}\right|_{r=1} = -\frac{2\,Q}{1+\nu}\left[1 + \left(\eta + \cot\frac{\alpha}{2}\right)^2\right] A_0(\eta)\,,\ \eta > 0 \qquad (22)$$

and the bending moment of the region $\alpha \leqq \theta \leqq 2\,\pi$, $r = 1$ i.e. $\xi = 0$, $\eta < 0$ is given by

$$M_r|_{r=1} = \frac{4\,Q\,D\,[1 + (\eta + \cot\alpha/2)^2]}{\pi\,i} \int\limits_{c-i\infty}^{c+i\infty} \frac{(-\eta)^{-s}\,\overline{A}_0(s)}{\sec\pi\,s}\,ds\,,$$

$$\eta \geqq 0$$

$$= -4\,Q\,D + 4\,Q\,D\,\frac{1 + (\eta + \cot\alpha/2)^2}{1 + (\sqrt{\eta} + \cot\alpha/2)^2} -$$

$$-\,4\,Q\,D\left\{1 + \left(\eta + \left(\cot\frac{\alpha}{2}\right)^2\right\}\right. \times$$

$$\times\,\eta^{1/2} \int\limits_0^\infty t^{-1/2}\left[\frac{1}{1 + (t + \cot\alpha/2)^2} -\right.$$

$$-\,\frac{e^{-i\pi/4}\,M_{\frac{i}{2\pi}\log\frac{\eta}{t}}\left\{t\,h\cot^{-1}\left(t + \cot\frac{\alpha}{2}\right)\right\}^{1/2}}{\sqrt{h\cot^{-1}(t + \cot\alpha/2)}}\,dt\,,$$

$$\eta = \cot\theta/2 - \cot\alpha/2\,, \qquad (23)$$

[$M_u(x)$ is WHITTAKER function].

Any other necessary result within the plate can be easily estimated with the help of the basic eqn. (3), (4), (19a), (19b) and (19c).

If the load q is not a constant but possesses a distribution over the disk, and the moment, slope, and displacement along the boundary are prescribed, the above method will ultimately lead to a general type of difference equation as

$$\overline{A}_0(s+2) + \operatorname{cosec}^2\frac{\alpha}{2}\,\overline{A}_0(s) + 2\cot\frac{\alpha}{2}\,\overline{A}_0(s+1) +$$

$$+\,\frac{h\tan\pi\,s}{s}\,\overline{A}_0(s+1) = -\,\overline{\theta}(s)$$

whose solution can be shown as before to depend on a linear first order differential equation

$$\frac{d}{dt}\left[1 + \left(t + \cot\frac{\alpha}{2}\right)^2\right]\psi(t) - h\,\beta\,\psi(t) = \theta_M(t)\,,$$

where $\theta_M(t)$ is the MELLIN's inversion of $\overline{\theta}(s)$ and $\overline{A}_0(s) = h\,\beta \int_0^\infty t^{s-1}\,\psi(t)\,dt$. Therefore it can be said that the problem is reduced to the solution of a first order linear differential equation.

References

1 GLADWELL, G. M. L., Some mixed boundary value problems in isotropic thin plate theory, Quart. Journ. Mech. Appl. Math., **11**, pp. 159 (1958).
2 MUSKELISHVILI, N. I., Some basic problems of the mathematical theory of elasticity, Groningen, 1953.
3 GREEN, A. E., ZERNA, W., Theoretical Elasticity, Cambridge, 1954.
4 DAS GUPTA, S. P., Solutions of some mixed boundary value problems with radiation type boundary conditions, Rev. Roum. Pure. Appl. **15**, Pp. 53 (1970).
5 TIMOSHENKO, P. S., WOINOWSKY-KRIEGER, S. Theory of plates and shells, McGraw-Hill, 2nd. edn., 1959.

Eingereicht am 6. 4. 1971 (revidierte Fassung am 2. 10. 1971)

Anschrift: S. P. DAS GUPTA, Assistant research officer, River Research Institute, p. o Mohanpur, Dt. Nadia West Bengal, India

ZAMM **52**, 371–373 (1972)

K. SWARUP, S. P. AGGARWAL*) and R. K. GUPTA

Stochastic Indefinite Quadratic Programming

Introduction

Indefinite Quadratic Programming Problem is encountered in many areas of interest [4]. In case of its deterministic nature, various methods [4], [5], [11] have been provided for its solution. However various difficulties are faced in the application of such programming. One of the difficulties is that the coefficients in the formulation are not constants but fluctuating or having uncertain values. Much work has been done for linear objective function or for concave programming, assuming independent normal distribution for the uncertain quantities. In this paper, a new objective function, indefinite quadratic, suitable for stochastic programming is introduced. Using transformation or otherwise, equivalent concave programming problem is obtained. Two different approaches are adopted.

We consider the following problem:

Suppose $\boldsymbol{x} = (x_1, x_2, \ldots, x_n)'$, $\boldsymbol{c} = (c_1, c_2, \ldots, c_n)'$ and $\boldsymbol{d} = (d_1, d_2, \ldots, d_n)'$ be n vectors, $\boldsymbol{b} = (b_1, b_2, \ldots, b_m)'$ and $\boldsymbol{A} = (a_{ij})$ be an $m \times n$ matrix. Let the components of these vectors and matrix be random variables. Now we define the formulation of our stochastic programming problem as:

Problem I

Maximise f

Subject to

$$\text{Prob.}\,(\boldsymbol{c}'\,\boldsymbol{x} \cdot \boldsymbol{d}'\,\boldsymbol{x} \leqq f) = \alpha$$

and

$$\text{Prob.}\,(\textstyle\sum a_{ij}\,x_j \leqq b_i) \geqq \beta_i\,, \qquad i = 1, \ldots, m$$

$$x_j \geqq 0\ (j = 1, 2, \ldots, n)\,,$$

where prime denotes the transpose of a vector, α and β_i (called control levels) are prescribed probabilities.

Assumptions and Formulations

(a) The random variable b_i has a normal distribution with mean $\overline{b}_i$ and variance σ_i^2.

Then

$$\text{Prob.}\,(\textstyle\sum a_{ij}\,x_j \leqq b_i) = \text{Prob.}\left(\dfrac{b_i - \overline{b}_i}{\sigma_i} \geqq \dfrac{\sum a_{ij}\,x_j - \overline{b}_i}{\sigma_i}\right).$$

Because of assumed distribution, the probabilistic condition

$$\text{Prob.}\,(\textstyle\sum a_{ij}\,x_j \leqq b_i) \geqq \beta_i$$

can be replaced by

$$H\left(\frac{\sum a_{ij}\,x_j - b_i}{\sigma_i}\right) \geqq \beta_i$$

or

$$\frac{\sum a_{ij}\,x_j - b_i}{\sigma_i} \leqq H^{-1}(\beta_i)$$

where

$$H(x) = \frac{1}{\sqrt{2}} \int\limits_x^\infty e^{-\frac{y^2}{2}}\,dy\,.$$

Let

$$H^{-1}(\beta_i) = q_i$$

then

$$\textstyle\sum a_{ij}\,x_j \leqq \overline{b}_i + \sigma_i\,q_i\,.$$

(b) The vector $\boldsymbol{c}$ has a multinormal distribution with a mean value $\overline{\boldsymbol{c}} = (\overline{c}_1, \overline{c}_2, \ldots, \overline{c}_n)$ and a dispersion matrix $\boldsymbol{V}$, while $\boldsymbol{d}$ vector is regarded as constant.

Now $\overline{c}_j = E(c_j)$.

Let

$$v_{ij} = E\,(c_i - \overline{c}_i)\,(c_j - \overline{c}_j)\,,$$

$$\boldsymbol{V} = (v_{ij})\,.$$

Therefore

$$\text{Variance}\left(\sum_j c_j\,x_j\right) = E\left[\sum_j (c_j - \overline{c}_j)\,x_j\right]^2$$

$$= \sum_{i,j} v_{ij}\,x_i\,x_j = \boldsymbol{x}'\,\boldsymbol{V}\,\boldsymbol{x}\,.$$

*) Research for this article has been supported financially by National Research Council of Canada under Grant No. A. 7666.

Thus $\boldsymbol{c}'\boldsymbol{x}$ has a normal distribution with mean $\bar{\boldsymbol{c}}'\boldsymbol{x}$ and variance $\boldsymbol{x}'\boldsymbol{V}\boldsymbol{x}$. Hence

$$\text{Prob.}(\boldsymbol{c}'\boldsymbol{x}\cdot\boldsymbol{d}'\boldsymbol{x}\leqq f)$$
$$=\text{Prob.}\left(\frac{\boldsymbol{c}'\boldsymbol{x}\cdot\boldsymbol{d}'\boldsymbol{x}-\bar{\boldsymbol{c}}'\boldsymbol{x}\cdot\boldsymbol{d}'\boldsymbol{x}}{\boldsymbol{d}'\boldsymbol{x}\sqrt{\boldsymbol{x}'\boldsymbol{V}\boldsymbol{x}}}\leqq\frac{f-\bar{\boldsymbol{c}}'\boldsymbol{x}\cdot\boldsymbol{d}'\boldsymbol{x}}{\boldsymbol{d}'\boldsymbol{x}\sqrt{\boldsymbol{x}'\boldsymbol{V}\boldsymbol{x}}}\right)$$
$$=I\left(\frac{f-\bar{\boldsymbol{c}}'\boldsymbol{x}\cdot\boldsymbol{d}'\boldsymbol{x}}{\boldsymbol{d}'\boldsymbol{x}\cdot\sqrt{\boldsymbol{x}'\boldsymbol{V}\boldsymbol{x}}}\right)$$

where

$$I(T)=\frac{1}{\sqrt{2}}\int_{-\infty}^{T}\mathrm{e}^{-\frac{y^2}{2}}\,dy\,.$$

We have

$$I\left(\frac{f-\bar{\boldsymbol{c}}'\boldsymbol{x}\cdot\boldsymbol{d}'\boldsymbol{x}}{\boldsymbol{d}'\boldsymbol{x}\cdot\sqrt{\boldsymbol{x}'\boldsymbol{V}\boldsymbol{x}}}\right)=\alpha$$

or

$$f=[\bar{\boldsymbol{c}}'\boldsymbol{x}+I^{-1}(\alpha)\sqrt{\boldsymbol{x}'\boldsymbol{V}\boldsymbol{x}}]\,\boldsymbol{d}'\boldsymbol{x}$$

(c) $\alpha\leqq 0.5$,
therefore

$$I^{-1}(\alpha)=-q\,(\leqq 0)\,.$$

(d) Problem II

Maximise

$$\bar{\boldsymbol{c}}'\boldsymbol{x}\cdot\boldsymbol{d}'\boldsymbol{x}\,.$$

Subject to

$$\boldsymbol{A}\boldsymbol{x}\leqq\boldsymbol{b}^*\,,\qquad \boldsymbol{x}\geqq\boldsymbol{0}\,,$$

where

$$b_i^*=\bar{b}_i+q_i\alpha_i$$

has a finite optimal solution $\hat{\boldsymbol{x}}_0$. And set S of feasible solution is regular [4].

(e) $\boldsymbol{d}'\boldsymbol{x}>0$, for all feasible solutions to problem II.

Mathematical Analysis

Now we arrived at a maximization problem for the stochastic programs

Problem II

Maximize $\quad f(\boldsymbol{x})=(\bar{\boldsymbol{c}}'\boldsymbol{x}-q\sqrt{\boldsymbol{x}'\boldsymbol{V}\boldsymbol{x}})\,\boldsymbol{d}'\boldsymbol{x}\,.$

Subject to $\quad \boldsymbol{A}\boldsymbol{x}\leqq\boldsymbol{b}^*\,,\qquad \boldsymbol{x}\geqq\boldsymbol{0}\,.$

Problem III

Maximize $\quad f(\boldsymbol{x})=(\bar{\boldsymbol{c}}'\boldsymbol{x}-q\sqrt{\boldsymbol{x}'\boldsymbol{V}\boldsymbol{x}})\,\boldsymbol{d}'\boldsymbol{x}\,.$

Subject to $\quad \boldsymbol{A}\boldsymbol{x}\leqq\boldsymbol{b}^*\,,\qquad \boldsymbol{x}\geqq\boldsymbol{0}\,.$

Theorem I: *If assumptions* (d) *and* (e) *hold, the optimal solution of problem III is finite.*

Proof: Suppose there exists a feasible solution $\boldsymbol{x}$ of problem III. Such that

$$(\bar{\boldsymbol{c}}'\boldsymbol{x}-q\sqrt{\boldsymbol{x}'\boldsymbol{V}\boldsymbol{x}})\,(\boldsymbol{d}'\boldsymbol{x})>\bar{\boldsymbol{c}}'\hat{\boldsymbol{x}}_0\cdot\boldsymbol{d}'\hat{\boldsymbol{x}}_0$$
$$\Rightarrow\bar{\boldsymbol{c}}'\boldsymbol{x}\cdot\boldsymbol{d}'\boldsymbol{x}>\bar{\boldsymbol{c}}'\hat{\boldsymbol{x}}_0\cdot\boldsymbol{d}'\hat{\boldsymbol{x}}_0\,.$$

Since $\hat{\boldsymbol{x}}_0$ is optimal to problem II, it contradicts the assumption. Hence for any feasible $\boldsymbol{x}$

$$(\bar{\boldsymbol{c}}'\boldsymbol{x}-q\sqrt{\boldsymbol{x}'\boldsymbol{V}\boldsymbol{x}})\,(\boldsymbol{d}'\boldsymbol{x})\leqq\bar{\boldsymbol{c}}'\hat{\boldsymbol{x}}_0\cdot\boldsymbol{d}'\hat{\boldsymbol{x}}_0\,.$$

Section I

To solve problem III, we further *assume* that there exists at least one $\boldsymbol{x}\in S$ such that

$$\boldsymbol{c}'\boldsymbol{x}-q\sqrt{\boldsymbol{x}'\boldsymbol{V}\boldsymbol{x}}>0\,.$$

Let $\bar{\boldsymbol{x}}$ be the optimal solution of the problem

Maximize $\quad W(\boldsymbol{x})=\boldsymbol{c}'\boldsymbol{x}-q\sqrt{\boldsymbol{x}'\boldsymbol{V}\boldsymbol{x}}\,.$

Subject to $\quad \boldsymbol{A}\boldsymbol{x}\leqq\boldsymbol{b}^*\,,\qquad \boldsymbol{x}\geqq\boldsymbol{0}$

then $W(\bar{\boldsymbol{x}})>0$.

Consider Problem IV

$$\text{Maximize } y=\boldsymbol{d}'\boldsymbol{x}\,. \tag{1.1}$$

Subject to

$$\boldsymbol{A}\boldsymbol{x}-\boldsymbol{b}^*t\leqq\boldsymbol{0}\,, \tag{1.2}$$
$$\bar{\boldsymbol{c}}\boldsymbol{x}-q\sqrt{\boldsymbol{x}'\boldsymbol{V}\boldsymbol{x}}\geqq t^2\,, \tag{1.3}$$
$$\boldsymbol{x}\geqq\boldsymbol{0}\,,\qquad t\geqq 0\,. \tag{1.4}$$

Theorem II: *If* $(\boldsymbol{x}^*, t^*)$ *is an optimal solution for the problem* IV, *then* t^* *must be positive.*

Proof: Suppose $t^*=0$, then $\boldsymbol{x}^*$ must be zero, otherwise $\boldsymbol{A}\boldsymbol{x}^*\leqq\boldsymbol{0}\Rightarrow\bar{S}$ is unbounded which contradicts our assumption of regularity, hence $\boldsymbol{x}^*=\boldsymbol{0}$.
Now

$$t^*=0\,,\qquad \boldsymbol{x}^*=\boldsymbol{0}\Rightarrow\boldsymbol{d}'\boldsymbol{x}^*=0\,.$$

Take

$$t_0=\bar{\boldsymbol{c}}'\bar{\boldsymbol{x}}-q\sqrt{\bar{\boldsymbol{x}}'\boldsymbol{V}\bar{\boldsymbol{x}}}=W(\bar{\boldsymbol{x}})>0\,. \tag{1.5}$$

$(t_0\bar{\boldsymbol{x}}, t_0)$ is feasible solution for problem IV and

$$y=t_0\,\boldsymbol{d}'\bar{\boldsymbol{x}}>0 \tag{1.6}$$

which contradicts that $(\boldsymbol{x}^*, t^*)$ is optimal for problem IV. Therefore t^* must be positive.

Corollary: *Maximum* $y(\boldsymbol{x}, t)$ *is strictly positive.*

Proof: We know from (1.5) that there exists a feasible solution $(t_0\bar{\boldsymbol{x}}, t_0)$ such that $y(t_0\bar{\boldsymbol{x}}, t_0)>0$ hence result.

Theorem III: *If* $(\boldsymbol{x}^*, t^*)$ *is an optimal solution of the problem* IV, *then* $\boldsymbol{x}^*/t^*$ *is an optimal solution for the problem* III.

Proof: Let $\hat{\boldsymbol{x}}$ be optimal for problem III. Since Max $F(\boldsymbol{x})>0$

$$\hat{t}=\bar{\boldsymbol{c}}'\boldsymbol{x}-q\sqrt{\hat{\boldsymbol{x}}'\boldsymbol{V}\hat{\boldsymbol{x}}} \tag{1.7}$$

is positive.
Also $(\hat{t}\hat{\boldsymbol{x}}, \hat{t})$ is feasible solution for problem IV. Since $(\boldsymbol{x}^*, t^*)$ is an optimal solution for problem IV, we have

$$\boldsymbol{d}'\boldsymbol{x}^*\geqq\boldsymbol{d}'\hat{\boldsymbol{x}}\,. \tag{1.8}$$

As $t^*>0$, therefore $\boldsymbol{x}^*/t^*$ is feasible for problem III. Now

$$f\left(\frac{\boldsymbol{x}^*}{t^*}\right)=\frac{(\bar{\boldsymbol{c}}'\boldsymbol{x}^*-q\sqrt{\boldsymbol{x}'^*\boldsymbol{V}\boldsymbol{x}^*})\,\boldsymbol{d}'\boldsymbol{x}^*}{t^{*2}}$$
$$\geqq\boldsymbol{d}'\boldsymbol{x}^*\quad\text{(Using 1.3)}$$
$$\geqq\hat{t}\,\boldsymbol{d}'\hat{\boldsymbol{x}}\quad\text{(from 1.8)}$$
$$\geqq(\bar{\boldsymbol{c}}'\hat{\boldsymbol{x}}-q\sqrt{\hat{\boldsymbol{x}}'\boldsymbol{V}\hat{\boldsymbol{x}}})\,(\boldsymbol{d}'\hat{\boldsymbol{x}})\quad\text{(Using (1.7))}\,.$$

Therefore $\boldsymbol{x}^*/t^*$ is optimal solution for the problem III.

We find that problem IV, provides a concave objective function over a convex region. Thus problem can be solved by available methods.

Section II

In this section another equivalent programming problem is provided to solve the problem III.

However, we *assume* here

$$\bar{\boldsymbol{c}}'\boldsymbol{x}-q\sqrt{\boldsymbol{x}'\boldsymbol{V}\boldsymbol{x}}>0\,,\quad\text{for all}\quad\boldsymbol{x}\in S\,.$$

Consider Problem V

$$\text{Maximize}\;\frac{\bar{\boldsymbol{c}}'\boldsymbol{z}-q\sqrt{\boldsymbol{z}'\boldsymbol{V}\boldsymbol{z}}}{t^2}\,.$$

Subject to

$$\boldsymbol{A}\boldsymbol{z}\leqq\boldsymbol{b}^*t\,, \tag{2.1}$$
$$\boldsymbol{d}'\boldsymbol{z}=1\,, \tag{2.2}$$
$$\boldsymbol{x}\geqq\boldsymbol{0}\,,\qquad t\geqq 0 \tag{2.3}$$

(use transformations $\boldsymbol{z}=t\,\boldsymbol{x}$ in problem III).

Lemma: *For any feasible solution* $(\boldsymbol{z}, t)$ *to problem* V *implies* $t>0$.

Proof: For $t = 0 \Rightarrow \boldsymbol{A}\,\boldsymbol{z} \leqq \boldsymbol{0}$ $(\boldsymbol{z} \neq \boldsymbol{0})$ which means S is unbounded, contradicting regularity condition.

Theorem: *If* $(\bar{\boldsymbol{z}}, \bar{\boldsymbol{t}})$ *is an optimal solution of problem* V, *then* $\boldsymbol{x} = \bar{\boldsymbol{z}}/\bar{t}$ *is an optimal solution of problem* III.

Proof: If possible let there exist an optimal solution $\boldsymbol{x}^0 \in S$ such that

$$(\bar{\boldsymbol{c}}'\,\boldsymbol{x}^0 - q\sqrt{\boldsymbol{x}^{0\prime}\,\boldsymbol{V}\,\boldsymbol{x}^0})\,(\boldsymbol{d}'\,\boldsymbol{x}^0) > \left(\bar{\boldsymbol{c}}'\,\frac{\bar{\boldsymbol{z}}}{\bar{t}} - q\sqrt{\frac{\bar{\boldsymbol{z}}'}{\bar{t}}\,\boldsymbol{V}\,\frac{\bar{\boldsymbol{z}}}{\bar{t}}}\right)\boldsymbol{d}'\,\frac{\bar{\boldsymbol{z}}}{\bar{t}}\,. \tag{2.4}$$

Now $\boldsymbol{d}'\,\boldsymbol{x}^0$ is strictly positive, therefore

$\boldsymbol{d}'\,\boldsymbol{x}^0 = \eta\,(> 0)$.

Take $\hat{\boldsymbol{z}} = \boldsymbol{x}^0/\eta$, $\hat{t} = 1/\eta$ then $\boldsymbol{d}'\,\hat{\boldsymbol{z}} = 1$

also

$$\frac{1}{\eta}(\boldsymbol{A}\,\boldsymbol{x}^0 - \boldsymbol{b}^*) \leqq \boldsymbol{0} \Rightarrow \boldsymbol{A}\,\hat{\boldsymbol{z}} \leqq \boldsymbol{b}^*\,\hat{t}\,,$$

therefore $(\hat{\boldsymbol{z}}, \hat{t})$ is feasible solution to problem V. We have

$$(\bar{\boldsymbol{c}}'\,\boldsymbol{x}^0 - q\sqrt{\boldsymbol{x}^{0\prime}\,\boldsymbol{V}\,\boldsymbol{x}^0})\,(\boldsymbol{d}'\,\boldsymbol{x}^0) = \frac{\left(\bar{\boldsymbol{c}}'\,\frac{\boldsymbol{x}^0}{\eta} - q\sqrt{\frac{\boldsymbol{x}'^0}{\eta}\,\boldsymbol{V}\,\frac{\boldsymbol{x}^0}{\eta}}\right)\left(\boldsymbol{d}'\,\frac{\boldsymbol{x}^0}{\eta}\right)}{1/\eta^2}$$

$$= \frac{(\boldsymbol{c}'\,\hat{\boldsymbol{z}} - q\sqrt{\hat{\boldsymbol{z}}'\,\boldsymbol{V}\,\hat{\boldsymbol{z}}})\,(\boldsymbol{d}'\,\hat{\boldsymbol{z}})}{\hat{t}^2} \tag{2.5}$$

from (2.4) and (2.5), we derive

$$\frac{(\boldsymbol{c}'\,\hat{\boldsymbol{z}} - q\sqrt{\hat{\boldsymbol{z}}'\,\boldsymbol{V}\,\hat{\boldsymbol{z}}})\,(\boldsymbol{d}'\,\hat{\boldsymbol{z}})}{\hat{t}^2} > \frac{(\bar{\boldsymbol{c}}'\,\bar{\boldsymbol{z}} - q\sqrt{\bar{\boldsymbol{z}}'\,\boldsymbol{V}\,\bar{\boldsymbol{z}}})\,(\boldsymbol{d}'\,\bar{\boldsymbol{z}})}{\bar{t}^2} \tag{2.6}$$

(2.6) contradicts the assumption that $(\bar{\boldsymbol{z}}, \bar{t})$ is optimal to problem V.

Thus we find, to solve the problem III, it suffices to solve the reduced problem V.

Now maximize

$$\frac{\bar{\boldsymbol{c}}'\,\boldsymbol{z} - q\sqrt{\boldsymbol{z}'\,\boldsymbol{V}\,\boldsymbol{z}}}{t^2} = \frac{1}{\min\left(\dfrac{t^2}{\bar{\boldsymbol{c}}'\,\boldsymbol{z} - q\sqrt{\boldsymbol{z}'\,\boldsymbol{V}\,\boldsymbol{z}}}\right)}\,. \tag{2.7}$$

But $t^2/(\bar{\boldsymbol{c}}'\,\boldsymbol{z} - q\sqrt{\boldsymbol{z}'\,\boldsymbol{V}\,\boldsymbol{z}})$ is a convex function [1,9] therefore to get the solution of the given problem III, we have to solve a convex programming problem.

Minimize

$$R(\boldsymbol{z}, t) = \frac{t^2}{\bar{\boldsymbol{c}}'\,\boldsymbol{z} - q\sqrt{\boldsymbol{z}'\,\boldsymbol{V}\,\boldsymbol{z}}}\,.$$

Subject to

$$\boldsymbol{A}\,\boldsymbol{z} \leqq \boldsymbol{b}^*\,t\,,$$

$$\boldsymbol{d}'\,\boldsymbol{z} = 1\,,$$

$$\boldsymbol{z} \geqq \boldsymbol{0}\,, \qquad t \geqq 0\,.$$

Remarks

1. A more general stochastic programming problem in which the component of matrix $\boldsymbol{A}$ i.e. a_{ij}'s are not constants but random variables can be formulated assuming a multi-normal distribution of a_{ij} [9].
2. However, it has not been possible to formulate a stochastic programming problem when both $\boldsymbol{c}$'s and $\boldsymbol{d}$'s components are random variables.

Acknowledgement

We are grateful to the Head of the Department, Professor H. K. Farahat, for providing excellent environment for doing research. Last, but not least, our thanks are due to Mrs. Joyce Reso for efficient secretarial services.

References

1 Bector, C. R., Programming Problems with Convex Fractional Functions, Operations Research 16, pp. 383–391 (1968).
2 Charnes, A. and Cooper, W. W., Chance Constraints and Normal Deviates, Journal of the American Statistical Association 57, pp. 134 to 148 (1962).
3 Dantzig, G. B., Linear Programming Under Uncertainty, Management Science, Vol. 1 (1955).
4 Kanti Swarup, Programming with Indefinite Quadratic Function with Linear Constraints, Cahiers du centre d'Etudes de Rech. Oper. 8, No. 2 (1966).
5 Kanti Swarup, Indefinite Quadratic Programming, Cahiers du centre d'Etudes de Rech. Oper. 8, No. 4 (1966).
6 Kanti Swarup, Quadratic Programming, Cahiers du centre d'Etudes de Rech. Oper. 8, No. 4 (1966).
7 Kelley, J. E., The Cutting Plane Method for Solving Convex Programs, SIAM 8 (1960).
8 Madansky, A., Inequalities for Stochastic Programming, Management Science 6 (1960).
9 Shinji Kataoka, A Stochastic Programming Model, Econometrica 31 (1963).
10 Sinha, S. M. and Lal, S. S., On Indefinite Quadratic Programming, Journal of Mathematical Sciences 3, No. 2 (1968).
11 Townsley, R. J. and Candler, Wilfred, The Maximization of a Quadratic Function of Variables Subject to Linear Inequalities, Management Science 10, pp. 515–523 (1964).
12 Zoutendijk, G., Maximizing a Function in a Convex Region, Journal of the Royal Statistical Society B 21 (1959).

Eingereicht am 20. 4. 1971

Anschrift: S. P. Aggarwal, Department of Mathematics, Statistics and Computing Science, The University of Calgary, Calgary 44, Alberta, Canada

ZAMM 52, 373–374 (1972)

Fuat Pasin

Energiebetrachtungen bei Biegeschwingungen von in Längsrichtung durch feste Einspannungen bewegten Stäben

Die freien Biegeschwingungen eines in Längsrichtung mit konstanter Geschwindigkeit durch zwei feste Einspannungen bewegten Stabes wurden von G. Donath [1] untersucht. Es wurde u. a. festgestellt, daß die Gesamtenergie des jeweils zwischen den Einspannungen liegenden Teiles des Stabes zeitlich nicht konstant ist. Er hat diese Tatsache dadurch erklärt, daß Biegeenergie durch die Einspannungen ein- bzw. ausfließen kann, indem Massenelemente mit einer bestimmten Krümmung durch die Einspannungen ein- und austreten. Infolgedessen hat er in seiner Arbeit einen unendlich langen Stab behandelt, für den an zwei Stellen die Bedingungen $v = 0$, $v_x = 0$ vorgeschrieben sind. Dieser wurde von ihm als ein durch zwei „Fenster" geführter Stab bezeichnet. Hinsichtlich der Biegeschwingungen eines durch zwei „Röhren" gezogenen Stabes, der nur im Bereich zwischen den Einspannungen schwingen kann, hat er auf die Problematik hingewiesen, die schon bei der Realisierung der Einspannungen auftreten.

In dieser kurzen Mitteilung wird eine exakte Erklärung der Energieverhältnisse bei der Biegeschwingung eines Stabes mit endlicher Länge und konstantem Querschnitt angegeben, der in Längsrichtung nach einem vorgeschriebenen Bewegungsgesetz durch zwei (bzw. eine) feste Einspannungen bewegt wird und nur im Bereich zwischen Einspannungen (bzw. auf einer Seite der Einspannung) schwingen kann. Es handelt sich also um einen durch zwei (bzw. eine) „Röhren" geführten Stab.

Nehmen wir vorläufig an, daß nicht das Bewegungsgesetz, sondern eine auf den Stab in Längsrichtung wirkende Kraft $P(t)$ vorgeschrieben sei (Bild 1). Im raumfesten (ξ, v)-Koordinatensystem lautet das Hamiltonsche Prinzip für dieses mechanische System

$$\delta \int_{t_1}^{t_2} \left\{ \int_0^l \left[\frac{1}{2}\mu\,(v_t + v_\xi\,s_t)^2 - \frac{1}{2}E\,I\,v_{\xi\xi}^2\right] d\xi + \frac{1}{2}m\,s_t^2 + P\,s \right\} dt = 0\,,$$

$$\delta\,v(\xi, t_1) = \delta\,v(\xi, t_2) = \delta\,s(t_1) = \delta\,s(t_2) = 0\,, \tag{1}$$

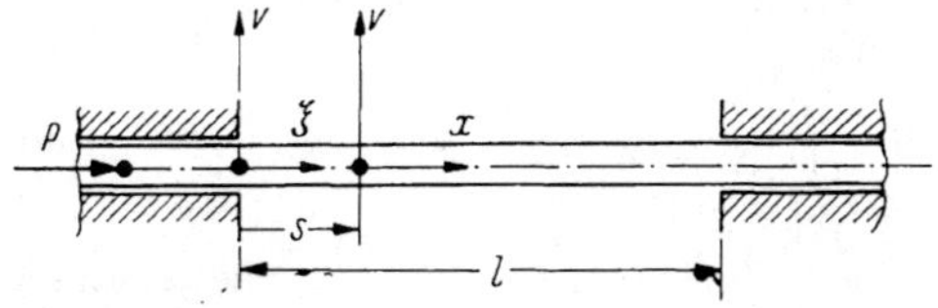

Bild 1. Durch zwei Einspannungen geführter Stab

worin $E\,I$ die Biegesteifigkeit, μ die Masse pro Längeneinheit, m die gesamte Masse des Stabes, tiefgestellte Indizes t und ξ partielle Ableitungen nach t und ξ bezeichnen. Es sei hier darauf hingewiesen, daß der Ausdruck $(v_t + v_\xi s_t)$ die substantielle Geschwindigkeit des Massenelements $\mu\, d\xi$ an der Stelle ξ ist.

Nach Durchführung der Variationsrechnung und der erforderlichen Umformungen unter Berücksichtigung der geometrischen Randbedingungen

$$v(0,t) = v_\xi(0,t) = v(l,t) = v_\xi(l,t) = 0$$

ergeben sich als notwendige Bedingungen für die Variationsaufgabe (1) die zwei simultanen Gleichungen für $s = s(t)$ und $v = v(\xi, t)$

$$\frac{E\,I}{\mu} v_{\xi\xi\xi\xi} + s_t^2 v_{\xi\xi} + 2\, s_t v_{\xi t} + s_{tt} v_\xi + v_{tt} = 0\,, \tag{2}$$

$$\left[m + \mu \int_0^l v_\xi^2 d\xi\right] s_{tt} + 2\,\mu\, s_t \int_0^l v_{\xi t} v_\xi d\xi + \\ + \mu \int_0^l (v_{tt} v_\xi + v_t v_{\xi t})\, d\xi - P(t) = 0\,. \tag{3}$$

Die Gl. (3) läßt sich in der Form

$$P = m\, s_{tt} + \mu \left[\int_0^l v_\xi (s_{tt} v_\xi + 2\, s_t v_{\xi t} + v_{tt})\, d\xi + \int_0^l v_t v_{t\xi}\, d\xi\right]$$

und dann

$$P = m\, s_{tt} - \int_0^l v_\xi (E\,I\, v_{\xi\xi\xi\xi} + \mu\, s_t^2 v_{\xi\xi})\, d\xi + \mu \int_0^l v_t v_{\xi t}\, d\xi$$

schreiben. Nach Ausführung der Integrationen durch Anwendung der partiellen Integrationsregel und unter Berücksichtigung der Randbedingungen ergibt sich

$$P = m\, s_{tt} - \frac{1}{2} E\,I\,[v_{\xi\xi}^2(l,t) - v_{\xi\xi}^2(0,t)]\,. \tag{3a}$$

Ist nun das Bewegungsgesetz des Stabes in Längsrichtung $s = s(t)$ vorgeschrieben, dann gibt die Gl. (3a) die erforderliche Antriebskraft $P(t)$. Die Leistung dieser Antriebskraft ist

$$\mathcal{L}_P = P\, s_t = m\, s_{tt} s_t - \frac{1}{2} E\,I\,[v_{\xi\xi}^2(l,t) - v_{\xi\xi}^2(0,t)]\, s_t\,. \tag{4}$$

Hier handelt es sich um ein rheonomes System, und die Bindungskräfte können Arbeit leisten. Die Leistung der Einspannungsmomente ist

$$\mathcal{L}_M = -E\,I\, v_{xx}(-s,t)\, v_{xt}(-s,t) + E\,I\, v_{xx}(l-s,t) \times \\ \times v_{xt}(l-s,t)\,. \tag{5}$$

Obwohl $v_x(-s,t) = v_x(l-s,t) = 0$ ist, sind die Drehgeschwindigkeiten $v_{xt}(-s,t)$ und $v_{xt}(l-s,t)$ nicht identisch null. Zwischen den raumfesten und körperfesten Koordinaten gelten die Transformationsformeln

$$\xi = x + s\,, \qquad t = t\,.$$

Danach bekommt man die folgenden Beziehungen

$$v_x(x,t) = v_\xi(\xi,t)\,, \qquad v_{xx}(x,t) = v_{\xi\xi}(\xi,t)\,, \ldots, \tag{6a}$$

$$v_t(x,t) = v_\xi(\xi,t)\, s_t + v_t(\xi,t)\,, \tag{6b}$$

$$v_{xt}(x,t) = v_{\xi\xi}(\xi,t)\, s_t + v_{\xi t}(\xi,t)\,. \tag{6c}$$

Unter Berücksichtigung dieser Beziehungen und der Tatsache, daß $v_{\xi t}(0,t) = v_{\xi t}(l,t) = 0$ ist, ergibt sich aus (5)

$$\mathcal{L}_M = E\,I\,[v_{\xi\xi}^2(l,t) - v_{\xi\xi}^2(0,t)]\,. \tag{7}$$

Andererseits ist die Gesamtenergie des Stabes

$$U = \frac{1}{2} m\, s_t^2 + \int_{-s}^{l-s} \left[\frac{1}{2}\mu\, v_t^2(x,t) + \frac{1}{2} E\,I\, v_{xx}^2(x,t)\right] dx\,. \tag{8}$$

Es soll nun die zeitliche Änderung dieser Energie berechnet werden. Nach Differentation und Umformungen durch die Anwendung der partielle Integrationsregel erhält man

$$\frac{dU}{dt} = m\, s_t s_{tt} + \int_{-s}^{l-s} v_t [\mu\, v_{tt} + E\,I\, v_{xxxx}]\, dx + \\ + \left[E\,I\, v_{xx} v_{xt} - E\,I\, v_{xxx} v_t - s_t\left(\frac{1}{2}\mu\, v_t^2 + \frac{1}{2} E\,I\, v_{xx}^2\right)\right]_0^l. \tag{9}$$

Beachtet man, daß die Biegeschwingungsgleichung im körperfesten Koordinatensystem

$$\mu\, v_{tt} + E\,I\, v_{xxxx} = 0$$

und an den Rändern

$$v_t = 0\,, \qquad v_{xt} = v_{\xi\xi} s_t$$

sind, so ergibt sich aus (9) durch Berücksichtigung von (6a)

$$\frac{dU}{dt} = m\, s_{tt} s_t + \frac{1}{2} E\,I\,[v_{\xi\xi}^2(l,t) - v_{\xi\xi}^2(0,t)]\,. \tag{10}$$ [1]

Es zeigt sich aus (4), (7) und (10), daß die Gleichung

$$\frac{dU}{dt} = \mathcal{L}_P + \mathcal{L}_M \tag{11}$$

gilt, die nichts anderes ist als der Energiesatz.

Wenn der Stab mit konstanter Geschwindigkeit bewegt wird, braucht man sich nicht auf den Stab mit endlicher Länge zu beschränken, weil $s_{tt} = 0$ ist und folglich m keine Rolle spielt. Die Ergebnisse gelten auch für den unendlich langen Stab.

Für den durch eine röhrenartige Einspannung bewegten, am anderen Ende freien Stab gelten entsprechend

$$\mathcal{L}_P = m\, s_{tt} s_t + \frac{1}{2} E\,I\, v_{\xi\xi}^2(0,t)\, s_t\,,$$

$$\mathcal{L}_M = -E\,I\, v_{\xi\xi}^2(0,t)\, s_t$$

und

$$\frac{dU}{dt} = -\frac{1}{2} E\,I\, v_{\xi\xi}^2(0,t)\, s_t + m\, s_t s_{tt}\,.$$

Zusammenfassend wurde festgestellt, daß wegen der Schwingungen eine zusätzliche — positive oder negative — Antriebskraft (s. Gl. 3a)

$$-\frac{1}{2} E\,I\,[v_{\xi\xi}^2(l,t) - v_{\xi\xi}^2(0,t)]$$

erforderlich ist, um das vorgeschriebene Bewegungsgesetz aufrecht zu erhalten. Durch diese Kraft und die Leistung der Einspannungsmomente läßt sich die Änderung der gesamten Energie zwischen den Einspannungen erklären. Auch für die Instabilität der Biegegeschwingungen, die im Fall der harmonischen Bewegung $s = a \sin \omega t$ vom Verfasser festgestellt wurden, findet man auf diese Weise die Erklärung hinsichtlich der Energieverhältnisse.

Literatur

1 Donath, G., Transversale Schwingungen eines in Längsrichtung durch zwei festen Einspannungen bewegten Stabes. Diss. TU Berlin 1959.

2 Pasin, F., Über die Stabilität der Biegeschwingungen von in Längsrichtung periodisch hin- und herbewegten Stäben. (Ingenieur-Archiv, im Druck)

Eingereicht am 21. 8. 1971

Anschrift: Dr. Ing. Fuat Pasin, Fakultät für Maschinenbau der Technischen Universität Istanbul Istanbul/Türkei

[1]) Wird der Stab, wie bei G. Donath, in Längsrichtung mit der konstanten Geschwindigkeit a von rechts nach links bewegt, dann braucht man nur in (10) $s_t = -a$, $s_{tt} = 0$ einzusetzen. In [1] steht dafür ein Ausdruck mit dem umgekehrten Vorzeichen. Das wäre richtig, nur wenn v_{xt} an den Einspannungen gleich null wäre.

ZAMM 52, 375 (1972)

P. ZIESCHE*)

Proof of an Addition Theorem for the spherical von Neumann Functions Using Kasterin's Formula

Dealing with modern theory of metals and semiconductors (multiple scattering between socalled muffin- tin potentials) the author found recently the following addition theorem [1]

$$i^l n_{\varkappa,L}(\boldsymbol{r}_1+\boldsymbol{r}_2) = 4\pi \sum_{L_1,L_2} C_{L L_1 L_2}\, i^{l_1+l_2}\, n_{\varkappa,L_1}(\boldsymbol{r}_1)\, j_{\varkappa,L_2}(\boldsymbol{r}_2) \quad \text{for} \quad r_1 > r_2 . \tag{1}$$

Here the abbreviations

$$j_{\varkappa,L}(\boldsymbol{r}) \equiv j_l(\varkappa r)\, Y_L(\boldsymbol{n}) , \quad n_{\varkappa,L}(\boldsymbol{r}) \equiv n_l(\varkappa r)\, Y_L(\boldsymbol{n}) , \quad \boldsymbol{n} \equiv \frac{\boldsymbol{r}}{r} \tag{2}$$

are used (in [1] the index $\varkappa$ is dropped for simplicity) with $j_l(\varkappa r)$ and $n_l(\varkappa r)$ as the (regular and singular, respectively) spherical cylinder functions and $Y_L(\boldsymbol{n})$ as real linear combinations of the spherical harmonics with the quantum numbers l and m_l. The coefficients occurring in (1) are generalized CLEBSCH–GORDON coefficients

$$C_{L L_1 L_2} \equiv \int d\Omega\; Y_L(\boldsymbol{n})\, Y_{L_1}(\boldsymbol{n})\, Y_{L_2}(\boldsymbol{n}) . \tag{3}$$

In the case $l = 0$ the relation (1) simplifies to the known formula [2]

$$-\frac{\cos \varkappa\, |\boldsymbol{r}_1+\boldsymbol{r}_2|}{\varkappa\, |\boldsymbol{r}_1+\boldsymbol{r}_2|} = 4\pi \sum_L (-1)^l\, n_{\varkappa,L}(\boldsymbol{r}_1)\, j_{\varkappa,L}(\boldsymbol{r}_2) \quad \text{for} \quad r_1 > r_2 . \tag{4}$$

Vice versa (1) may be considered as generalization of (4). As far as the author knows the corresponding literature, this generalization, in [1] derived by means of complex contour integration, is not published till now.

In the following an other simple proof is given using KASTERIN's representation of the spherical cylinder functions [3]

$$\begin{aligned} i^l j_{\varkappa,L}(\boldsymbol{r}) &= Y_L\left(\frac{\hat{\boldsymbol{k}}}{\varkappa}\right) \frac{\sin \varkappa r}{\varkappa r} , \\ i^l n_{\varkappa,L}(\boldsymbol{r}) &= Y_L\left(\frac{\hat{\boldsymbol{k}}}{\varkappa}\right) (-1) \frac{\cos \varkappa r}{\varkappa r} , \quad \hat{\boldsymbol{k}} \equiv \frac{\partial}{i\, \partial \boldsymbol{r}} . \end{aligned} \tag{5}$$

Really, by means of (4) and KASTERIN's formula for the spherical VON NEUMANN functions $n_{\varkappa,L}(\boldsymbol{r})$ we can write (for $r_1 > r_2$)

$$i^l n_{\varkappa,L}(\boldsymbol{r}_1+\boldsymbol{r}_2) = Y_L\left(\frac{\hat{\boldsymbol{k}}_{1,2}}{\varkappa}\right) 4\pi \sum_{L_1} i^{l_1} n_{\varkappa,L_1}(\boldsymbol{r}_1)\, i^{l_1} j_{\varkappa,L_1}(\boldsymbol{r}_2) . \tag{6}$$

$\hat{\boldsymbol{k}}_{1,2}$ means differentiation with respect to $\boldsymbol{r}_1$ or $\boldsymbol{r}_2$.

If we differentiate with respect to $\boldsymbol{r}_2$, then with KASTERIN's formula for the spherical BESSEL functions $j_{\varkappa,L}(\boldsymbol{r})$, with

$$\frac{\sin \varkappa r}{\varkappa r} = \int \frac{d\Omega'}{4\pi}\, e^{i \varkappa \boldsymbol{r} \boldsymbol{n}'} \tag{7}$$

and with the completeness of the spherical harmonics $Y_L(\boldsymbol{n})$, we obtain (omitting the index 2)

$$Y_L\left(\frac{\hat{\boldsymbol{k}}}{\varkappa}\right) i^{l_1} j_{\varkappa,L_1}(\boldsymbol{r}) = \sum_{L_2} C_{L L_1 L_2}\, i^{l_2} j_{\varkappa,L_2}(\boldsymbol{r}) . \tag{8}$$

Setting (8) into (6), immediately (1) turns out, q.e.d.

Differentiation in (6) with respect to $\boldsymbol{r}_1$ yields of course the same result. This can be seen by means of the following relation

$$-\frac{\cos \varkappa r}{\varkappa r} = -\frac{1}{\pi} \int \frac{dk}{\varkappa} \frac{P}{k^2-\varkappa^2}\, k^2 \left(\frac{k}{\varkappa}\right)^n \frac{\sin k r}{k r} , \tag{9}$$

holding for arbitrary non-negative even numbers n; P means the CAUCHY principle value. With (9) and with the fact, that the expansion of $Y_L(\boldsymbol{n})$ contains only even (or odd) powers of $\boldsymbol{n}$, if l is even (or odd, respectively), we can write KASTERIN's formula for the spherical VON NEUMANN functions $n_{\varkappa,L}(\boldsymbol{r})$ in the following way:

$$i^l n_{\varkappa,L}(\boldsymbol{r}) = -\frac{1}{\pi} \int \frac{dk}{\varkappa} \frac{P}{k^2-\varkappa^2}\, k^2 \left(\frac{k}{\varkappa}\right)^l Y_L\left(\frac{\hat{\boldsymbol{k}}}{k}\right) \frac{\sin k r}{k r} . \tag{10}$$

With (7), (9) and the completeness of the spherical harmonics $Y_L(\boldsymbol{n})$ we get from (10)

$$\begin{aligned} Y_L\left(\frac{\hat{\boldsymbol{k}}}{\varkappa}\right) i^{l_1} n_{\varkappa,L_1}(\boldsymbol{r}) &= \\ &= -\frac{1}{\pi} \int \frac{dk}{\varkappa} \frac{P}{k^2-\varkappa^2}\, k^2 \left(\frac{k}{\varkappa}\right)^{l+l_1} \sum_{L_2} C_{L L_1 L_2}\, Y_{L_2}\left(\frac{\hat{\boldsymbol{k}}}{k}\right) \frac{\sin k r}{k r} . \end{aligned} \tag{11}$$

Because $C_{L L_1 L_2} = 0$, if $l + l_1 - l_2$ is odd or negative, we can replace the exponent $l + l_1$ by l_2 owing to the independence of (9) from n. Therefore in analogy to (8)

$$Y_L\left(\frac{\hat{\boldsymbol{k}}}{\varkappa}\right) i^{l_1} n_{\varkappa,L_1}(\boldsymbol{r}) = \sum_{L_2} C_{L L_1 L_2}\, i^{l_2} n_{\varkappa,L_2}(\boldsymbol{r}) \tag{12}$$

turns out. Setting (12) into (6) again (1) follows, q.e.d.

By the way, with (8) and with the known formula [2]

$$\frac{\sin \varkappa\, |\boldsymbol{r}_1+\boldsymbol{r}_2|}{\varkappa\, |\boldsymbol{r}_1+\boldsymbol{r}_2|} = 4\pi \sum_L (-1)^l\, j_{\varkappa,L}(\boldsymbol{r}_1)\, j_{\varkappa,L_2}(\boldsymbol{r}_2) \tag{13}$$

immediately follows the addition theorem for spherical BESSEL functions

$$i^l j_{\varkappa,L}(\boldsymbol{r}_1+\boldsymbol{r}_2) = 4\pi \sum_{L_1,L_2} C_{L L_1 L_2}\, i^{l_1+l_2} j_{\varkappa,L_1}(\boldsymbol{r}_1)\, j_{\varkappa,L_2}(\boldsymbol{r}_2) , \tag{14}$$

which has been derived recently by means of the well-known plane-wave expansion formula [4]. The latter vice versa results from (5):

$$\begin{aligned} 4\pi \sum_L i^l j_{k,L}(\boldsymbol{r})\, Y_L(\boldsymbol{n}') &= \int d\Omega'' \sum_L Y_L\left(\frac{\hat{\boldsymbol{k}}}{k}\right) Y_L(\boldsymbol{n}')\, e^{i k \boldsymbol{r} \boldsymbol{n}''} \\ &= e^{i \boldsymbol{k} \boldsymbol{r}} \end{aligned} \tag{15}$$

with $\boldsymbol{k} = k\, \boldsymbol{n}'$.

The author is grateful to Dr. W. JOHN for useful discussions

Note added in proof:

The addition theorem (1) has been formulated recently also by O. K. ANDERSEN in P. M. MARCUS, J. F. JANAK, and A. R. WILLIAMS, „Proceedings of the Conference on Computational Methods in Band Theory, May, 1970", Plenum Press, New York, 1971, p. 178; there is a proof announced, using also the known addition theorem (4) for the monopole field $n_{\varkappa,0}(\boldsymbol{r}_1+\boldsymbol{r}_2)$ and expressing multipoles as superpositions of monopoles on a surrounding sphere. — Formerly P.-O. LÖWDIN, Advances in Phys. **5**, 1, 1956 has discussed generally the expansion of a wave function on one centre in spherical harmonics about another centre. Furtherly L. EYGES, Phys. Rev. **111**, 683, 1958 has given an expression for $n_{\varkappa,L}(\boldsymbol{r}_1+\boldsymbol{r}_2)$ using GEGENBAUER-polynomials, but it is more complicated than (1).

References

1 JOHN, W. and ZIESCHE, P., phys. stat. sol. (b), **47**, 555 (1971).

2 MESSIAH, Q., Quantum Mechanics, North-Holl. Publ. Comp., Amsterdam, 1961, **I**, p. 497.

3 KASTERIN, N., Proc. Amsterdam **6**, 460 (1897/98) and Diss. Moskau 1903, quoted in J. Korringa, Physica **13**, 392 (1947).

4 LEHMANN, G., phys. stat. sol. **38**, 151 (1970), WILLIAMS, A. R., Phys. Rev. **B1**, 3417 (1970).

Eingereicht am 23. 9. 71

Anschrift: Prof. Dr. PAUL ZIESCHE, 141980 Dubna, Mosk. Obl., Ul. Lesnaja 3, Kw. 2, UdSSR

*) Joint Institute for Nuclear Research, Dubna (USSR), Laboratory of Theoretical Physics (Moscow, Head Post Office, P. O. Box 79, USSR). (On leave of absence from Technische Universität Dresden, Dresden, DDR).

BUCHBESPRECHUNGEN

G. Meyer-Brötz/J. Schürmann, Methoden der automatischen Zeichenerkennung. 154 S. m. 65 Abb. u. 8 Tab. München/Wien 1970. R. Oldenbourg Verlag. Preis brosch. DM 28,–.

Das vorliegende Werk ist wohl die erste in sich geschlossene Darstellung der Anwendung mathematischer Methoden in der Zeichenerkennung, die in deutscher Sprache erschienen ist. Es ist verständlich, daß bei der vorliegenden Stärke des Buches nicht auf alle existierenden Ansätze, wie z. B. auf die KARHUNEN-LOEVE-Entwicklung, eingegangen werden konnte. Zum Verständnis des Werkes werden bei dem Leser Grundkenntnisse der Statistik, der Wahrscheinlichkeits- und der Matrizenrechnung vorausgesetzt.

Für die Verständlichkeit des Buches und den Wert des Vermittelten ist es vorteilhaft, daß sich die Autoren nicht in einer Vielzahl konkreter Anwendungen verlieren. Das gilt vor allem unter dem Aspekt, daß mathematische Methoden nicht zum Selbstzweck, sondern als Mittel betrachtet werden. Das Beispiel, welches sich durch alle Kapitel zieht, erleichtert dem Leser die Übersicht und einen Vergleich der einzelnen Methoden.

Nach einer kurzen, rahmensetzenden Einleitung sind die nächsten drei Kapitel statistisch-entscheidungstheoretischen Methoden gewidmet. Der Leser wird mit einem zentralen Gedanken in der Zeichenerkennung, der Minimierung einer Kostenfunktion, vertraut gemacht. Es wird gezeigt, daß ein Klassifikator allgemeiner Form recht aufwendig sein kann, daraus werden einschränkende Bedingungen, gleiche Kovarianzmatrizen bezüglich der Klassen abgeleitet, welche es erlauben, sich auf einen linearen Klassifikator zu beschränken. Den sich anschließenden Gedanken über die Schätzung statistischer Parameter mit Hilfe der stochastischen Approximation zu folgen, wird Lesern, die nicht die Arbeiten von DVORETZKY kennen, etwas Mühe machen.

Die Behandlung des linearen Klassifikators in den folgenden Kapiteln macht den Leser mit dem vielleicht wichtigsten Ansatz für die Entwicklung der Zeichenerkennung bekannt. Sie gibt ihm die Möglichkeit, die Arbeitsweise solcher Systeme, wie der Lernmatrix oder des Perzeptrons, zu verstehen. Dazu trägt auch die ausführliche Beschreibung eines Belehrungsalgorithmus für einen linearen Klassifikator bei. Unterschiedliche Merkmalsbewichtungen, lineare Koordinatentransformationen und die Leistungsfähigkeit linearer Klassifikatoren werden im weiteren betrachtet.

Der Behandlung der Anwendung der Regressionsanalyse auf Probleme der Zeichenerkennung ist relativ breiter Raum gewidmet. Dies ist sicher durch eigene Arbeiten der Autoren bedingt. Hier dringt die Veröffentlichung etwas tiefer in die Problematik ein und weicht vom Rahmen der anderen Kapitel ab. Es wird schwer sein, bei anderen Autoren eine gleichermaßen eingehende Beschreibung der Anwendung der Regressionsanalyse auf Probleme der Zeichenerkennung zu finden. Die Betrachtung nichtlinearer Klassifikatoren wird für den Leser mehr informativen Charakter haben, es wird ihm nahegelegt, daß sie entschieden leistungsstärker als lineare sind, jedoch in ihrer Realisierung auch viel aufwendiger.

Das abschließende Kapitel über experimentelle Ergebnisse gibt dem Leser in anschaulicher Weise einen Überblick über die beschriebenen Methoden, deren Leistungsfähigkeit und Realisierung.

Das vorliegende Buch kann als gelungene Darstellung „klassischer" Methoden der Zeichenerkennung betrachtet werden. Den Leser, der gewohnt ist, mathematisch strengen Behandlungen zu folgen, wird es an einigen Stellen nicht voll befriedigen, wobei hierzu jedoch gesagt werden muß, daß dies auch nicht das gestellte Ziel des Buches ist. Hinzuzufügen wäre noch, daß neuere Entwicklungen auf dem Gebiete der Zeichenerkennung, wie sequentielle oder grammatische Methoden, noch keinen Eingang gefunden haben, aber gerade diese auf eine Weiterentwicklung in der Zeichenerkennung hoffen lassen. Sie hätten zweifellos den Rahmen des Buches gesprengt.

Ohne Einschränkung kann gesagt werden, daß diese Veröffentlichung ihr gestelltes Ziel erreicht hat. Sie wird einem breiten Interessentenkreis von Technikern und Theoretikern eine gute Einführung in das Gebiet der Anwendung mathematischer Methoden in der Zeichenerkennung sein.

Berlin G. STANKE

Group Representations in Mathematics and Physics. (Lecture Notes in Physics, 6). (Battelle Seattle 1969 Rencontres). V + 340 S. Berlin/Heidelberg/New York 1970. Springer-Verlag. Preis brosch. DM 24,–.

Die interdisziplinäre Zusammenarbeit hat noch längst nicht die Bedeutung erlangt, die ihr eigentlich gebührt. Deshalb ist es sehr zu begrüßen, daß hier Herausgeber und Verlag den Versuch unternommen haben, die Vorlesungen einer gemeinsamen Sommerschule von Physikern und Mathematikern, dem Battelle Seattle Summer Rencontres in Mathematics and Physics" des Jahres 1969 zu publizieren. Die Form von „Lecture Notes in Physics" ist hierfür wohl am besten geeignet. Von den drei aufgenommenen Hauptvorlesungen stammen zwei von Physikern, LOUIS MICHEL (Bures-Sur-Yvette) und L. O'. RAIFEARTAIGH (Dublin) und einer von dem Mathematiker CALVIN C. MOORE (Berkeley); bei den Seminarbeiträgen ist das Verhältnis der Disziplinen 4:1. Leider ist die bedeutende Vorlesung von E. M. STEIN (Princeton) über „Spezielle Probleme in der Darstellungstheorie halbeinfacher Gruppen" nicht enthalten.

Die ausgezeichneten Vorlesungsreihen von MICHEL und O'. RAIFEARTAIGH umfassen je ein Drittel der Skripte und behandeln die Anwendungen gruppentheoretischer Methoden in der Quantentheorie in moderner Terminologie. MICHEL überstreicht hierbei die Gebiete der Atom-, Molekül- und Kernphysik, die Darstellungstheorie der POINCARÉgruppe, die Probleme der diskreten Symmetrien in starken und schwachen Wechselwirkungen und die Anwendungen der unitären kompakten Gruppen in der Elementarteilchenphysik.

O'. RAIFEARTAIGH beginnt mit der Anwendung LIEscher Gruppen in der nichtrelativistischen klassischen Mechanik und Quantentheorie und gelangt ebenfalls zur POINCARÉ-gruppe und ihren Anwendungen. Jedoch werden hier dann die Fragen der nichtkompakten Gruppen mit ihren unendlich-dimensionalen Darstellungen angeschnitten und die damit auftretenden Wellenfunktionen mit unendlich vielen Komponenten. Das Problem der Vereinigung innerer und äußerer Symmetrien kommt ausgerechnet bei ihm — da er doch wesentliche Beiträge hierzu lieferte — sehr kurz weg. Die Grundbegriffe der Stromalgebra werden kurz erwähnt.

Die Beiträge der Mathematiker umfassen rund ein Sechstel der Skripte. Die Vorlesung von C. C. MOORE beschäftigt sich mit der Beschränkung der unitären Darstellungen einer Gruppe bezüglich einer ihrer Untergruppen und dem Zusammenhang mit der Ergodentheorie als auch mit dem Problem der Gruppenerweiterung und der Gruppenkohomologie. Die Ausführung von KOSTANT über „Quantisierung und unitäre Darstellungen" sind eine Kurzfassung von Untersuchungen, die in der „Lecture Notes in Mathematics" erscheinen sollen.

In den Seminarbeiträgen von TODOROV wird das Problem der unendlich-komponentigen Wellengleichungen behandelt, während RÜHL die Tensoroperatoren der Gruppe $SL(2, C)$ diskutiert. Sowohl GOLDIN und SHARP als auch R. HERMANN befassen sich mit Grundfragen der Stromalgebra.

Diese Skripte ist eine wahre Fundgrube für moderne Vorlesungsgestaltung. Sie ist allen denjenigen zu empfehlen, die sich einen Einblick und einen Überblick über die Verwendung algebraischer Methoden in der gegenwärtigen Physik verschaffen wollen.

Dresden P. MÖBIUS

K.-A. Reckling, Mechanik III. (Uni-Text) VII + 212 S. m. 133 Abb. Braunschweig 1970. Friedr. Vieweg & Sohn. Preis brosch. DM 9,80.

Die Studienbücher der Uni-Texte haben die Aufgabe, als Lernhilfsmittel dem Studenten die Wiederholung des Vorlesungsstoffes und die Prüfungsvorbereitung zu erleichtern. Sie entstehen deshalb in enger Verbindung mit einer Vorlesung und entsprechen auch in der Darstellung mehr einer Vorlesungsnachschrift als einem Lehrbuch. Es wird also hauptsächlich Wert darauf gelegt, den Leser mit der Methode des Fachgebietes vertraut zu machen, ihre Grundlagen ausführlich darzulegen und auf Vollständigkeit in der Beschreibung von Erscheinungen zu verzichten.

Der gebotene Stoff entspricht der im Grundstudium üblichen einsemestrigen Kinetikvorlesung für Maschineningenieure, wobei die Kinematik als bekannt vorausgesetzt wird. Die Gliederung verzichtet auf die gesonderte Darlegung der Kinetik des Massenpunktes, sondern stellt den Schwerpunktsatz und den Drallsatz in den Mittelpunkt. Darauf aufbauend, werden die ebene Bewegung des starren Körpers, die Relativbewegung, die Drehung des starren Körpers um einen Punkt und der Stoß fester Körper behandelt.

Ein weiterer Abschnitt gibt eine Einführung in die analytischen Methoden und die Prinzipien der Kinetik.

Ein Drittel des Buches ist der Schwingungslehre gewidmet. Dabei wird der lineare Schwinger mit einem Freiheitsgrad ausführlich behandelt, während die Schwinger mit mehreren Freiheitsgraden und die Kontinua nur gestreift werden.

Die klare, durch anschauliche Bilder unterstützte Darstellung kann zur Einführung in das Gebiet der Kinetik empfohlen werden.

Dresden F. Holzweissig

L. S. Dzung (ed), Flow Research on Blading. XVI + 400 S. m. Fig. Amsterdam/London/New York 1970. Elsevier Publishing Company.

Das gut ausgestattete Buch enthält die ausführlichen Referate und die Diskussionsbeiträge eines Symposiums über Strömungsforschung an Schaufelgittern, das 1969 in der Schweiz unter der Schirmherrschaft der Firma BBC stattgefunden hat. Im ersten der insgesamt elf Hauptaufsätze geben Dzung und Seippel einen Überblick über aerodynamische Aspekte der Schaufelgitterforschung mit Rückschau auf wesentliche Entwicklungen der Vergangenheit, Charakterisierung des gegenwärtigen Standes von Theorie und Experiment sowie Diskussion ungelöster Forschungsprobleme. Die weiteren Hauptaufsätze sind jeweils einem speziellen, aber grundlegend wichtigen Problem gewidmet: Berechnung und Messung der quasidreidimensionalen Strömung in mehrstufigen Dampfturbinen (Renaudin und Somm), Spaltverluste in Axialturbinen (Traupel), schallnahe Strömung durch Kompressor- und Turbinengitter (Chauvin, Sieverding und Griepentrog), aerodynamische Dämpfung von Biege-Torsionsschwingungen an Schaufeln (Legendre), Ablösen und Wiederanlegen der Überschallströmung an stufenförmig abgeknickten Konturen (Carriere), Einfluß des Turbulenzgrades auf die Strömungsverluste axialer Turbomaschinen (Schlichting und Das), Gehäusegrenzschichten in vielstufigen Axialverdichtern (L. H. Smith), Radialkräfte am Laufrad von Spiralgehäusepumpen (Domm und Hergt), Grenzschichtprobleme in axialen Turbomaschinen (Horlock) sowie Vorausberechnung und Struktur turbulenter Grenzschichten (Kline). Ein Teil der Diskussionsbeiträge hat den Charakter von Kurzvorträgen. In allen Berichten ist Wert auf klare Formulierung des jeweiligen Problems und sorgfältige Interpretation der Ergebnisse gelegt. Mathematische Ableitungen werden nur sparsam wiedergegeben, den Zugang zu Detailinformationen vermitteln umfangreiche Literaturverzeichnisse.

Das Buch kann allen auf dem Gebiet der Turbomaschinen tätigen Entwicklungsingenieuren und Forschern empfohlen werden. Durch seine zahlreichen qualitativen und quantitativen Forschungsergebnisse und die interessanten Diskussionen ist es nützlich und anregend zugleich.

Dresden E. Lindner

H. Richter, Rohrhydraulik. Fünfte Auflage. XVI + 402 S. m 229 Abb., 75 Zahlentafeln und 40 praktische Rechenaufgaben. Berlin/Heidelberg/New York 1971. Springer-Verlag. Preis geb. DM 78,—.

In der modernen Industrie besitzen die Rohrleitungen zum Transport flüssiger und gasförmiger Stoffe eine große Bedeutung. Es ist deshalb zu begrüßen, daß das bekannte Buch in einer neubearbeiteten 5. Auflage vorliegt. Der grundsätzliche Aufbau und die Stoffverteilung wurden beibehalten. Nach Erläuterung der thermo-dynamischen und strömungstechnischen Grundlagen wird ausführlich auf die Versuchsergebnisse über laminare und turbulente Rohrströmung und deren mathematische Beschreibung eingegangen. Abschließend gibt der Verfasser umfangreiche und teilweise sehr spezielle sowie elementare Anleitungen zur praktischen hydraulischen Auslegung von Rohrleitungen.

Man vermißt allerdings bei der sonst recht breiten Darstellung so wichtige Probleme wie z. B. die Rohrströmung Nichtnewtonscher Flüssigkeiten oder die Berechnung des Druckabfalles und des Durchsatzes in vermaschten Rohrleitungssystemen. Die Behandlung der Grenzschichtablösung (S. 183) ist vom modernen Standpunkt aus unzureichend, gleichfalls können die Ausführungen zum Diffusorproblem nicht befriedigen. Hier wird besonders die fehlende Auswertung moderner Literatur deutlich. Ähnliches gilt für die Darstellung der reibungsbehafteten gasdynamischen Rohrströmung.

Die theoretischen Grundlagen werden nicht immer klar und eindeutig dargestellt. Es wird z. B. grundsätzlich die laminare Unterschicht bei der turbulenten Rohrströmung mit der laminaren Grenzschicht gleichgesetzt (z. B. S. 128 u. 149). Die Ableitung der maximal einer Rohrleitung zu entnehmenden Energie auf S. 322 geht von der falschen Voraussetzung der Unabhängigkeit der Austrittsgeschwindigkeit vom vorhandenen Gefälle aus und führt so zu der unsinnigen Formulierung einer optimalen Geschwindigkeit.

Für Studierende und mit dem Fachgebiet wenig Vertraute kann das Buch auf Grund der geschilderten Mängel in den theoretischen Grundlagen nicht empfohlen werden. In der Praxis tätige Ingenieure können jedoch nützliche Hinweise über das Betriebsverhalten von Rohrleitungen (Ablagerungen, Erosion, Rauhigkeiten handelsüblicher Rohre usw.) sowie konkrete Anweisungen zur hydraulischen Auslegung bestimmter Rohrleitungen entnehmen. Ebenso wertvoll für die Praxis sind die umfangreichen Tabellen von Stoffdaten und 40 Rechenbeispielen.

Bei einer eventuellen Neuauflage wäre eine kritische Überarbeitung der theoretischen Grundlagen mit dem Ziel einer moderneren Darstellung sowie eine straffere Beschreibung der Versuchswerte dringend zu empfehlen.

Dresden H. Ihlenfeld

Bauer/Goos, Informatik. Sammlung Informatik. Erster Teil. (Heidelberger Taschenbücher, Band 80). XII + 213 S. m. 110 Abb. Berlin/Heidelberg/New York 1971. Springer-Verlag. Preis brosch. DM 9,80.

Die Verfasser Prof. Dr. Bauer und Prof. Dr. Goos machen im ersten Teil ihres Buches über Informatik den Leser in einer einführenden Form mit dem Grundlagenwissen dieser modernen Disziplin vertraut. Dabei wird — ausgehend von zentralen Begriffen wie Nachricht und Information — das Ziel verfolgt, die Grundlagen der Programmierung als Bezugspunkte für die Verarbeitung digitaler Nachrichten zu nutzen.

Nachdem im ersten Kapitel „Information und Nachricht" in einer Übersichtsform auf interessante Querverbindungen zu benachbarten Wissensgebieten, wie z. B. Sinnesphysiologie, Codierungstheorie und Informationstheorie eingegangen wird, geben die Verfasser im zweiten Kapitel „Begriffliche Grundlagen der Programmierung" mit Problemen bei der Konstruktion einer algorithmischen Sprache am Beispiel von ALGOL 68 eine ausführliche Einführung in ein Hauptanliegen der Informatik. Der Stoff wurde durch eine Vielzahl von Beispielen untermauert. Dieses Kapitel ist entsprechend seiner Bedeutung auch umfangmäßig das größte. Danach wird im dritten Kapitel „Maschinenorientierte algorithmische Sprachen" eine Maschinenbefehlsstruktur zur Ausführung von Notationen in der eingeführten benutzerorientierten Sprache entworfen, wobei insbesondere auch an Beispielen zum schrittweisen Abbau von Sprachkonstruktionen in Maschinenbefehlsfolgen die allgemeine Behandlung des Übersetzungsproblems vorbereitet wird. Das vierte Kapitel „Schaltnetze und Schaltwerke" enthält in einer Übersichtsform die Darstellung von Grundlagen der

Schaltalgebra und ihrer Nutzung bei der Konstruktion von Bausteinen digitaler Rechenanlagen.

Insgesamt darf festgestellt werden, daß dieses Buch eine sehr gute einführende Übersicht in den betrachteten Problemkreis darstellt. Es zeichnet sich durch eine klare Formulierung aus.

Dresden H. KADNER

E. L. Stiefel und G. Scheifele, Linear and Regular Celestial Mechanics. (Die Grundlehren d. math. Wissenschaften, Band 174). IX + 301 S. m. 18 Fig. Berlin/Heidelberg/New York 1971. Springer-Verlag. Preis geb. DM 68,–.

Die Regularisierung und Linearisierung der Bewegungsgleichungen ist ein Problem der Himmelsmechanik, welches in den meisten Lehrbüchern nicht oder nur beiläufig erwähnt wird. Es ist daher zu begrüßen, wenn in diesem 174. Band der bekannten Reihe „Die Grundlehren der mathematischen Wissenschaften in Einzeldarstellungen" eine der Grundaufgaben der Himmelsmechanik, nämlich die Integration der Bewegungsgleichungen, einmal ganz vom Standpunkt der Regularisierung und Linearisierung aus betrachtet und behandelt wird.

Über diese Zielsetzung lassen die Autoren den Leser nicht lange im Zweifel. Am Beginn steht hier nicht, wie sonst üblich, das Zweikörperproblem, sondern die Transformation der im Ursprung singulären NEWTONschen Gleichungen für den eindimensionalen Fall der reinen KEPLERbewegung auf die Differentialgleichung eines linearen Schwingers. Damit wird der Leser von Anfang an mit dem Grundgedanken des ganzen Buches vertraut gemacht: Die NEWTONschen Bewegungsgleichungen sollen so transformiert werden, daß nicht nur deren Lösung, sondern auch die Gleichungen selbst regulär und linear werden.

Es folgt die Verallgemeinerung auf die Bewegung in der Ebene mit Hilfe der LEVI-CIVITA-Transformation, wobei als neue, unabhängige Variable die exzentrische Anomalie auftritt. Die Erweiterung auf den realistischen dreidimensionalen Fall, die von LEVI-CIVITA vergeblich versucht worden war, ist nur auf dem Umweg über die vierte Dimension möglich. Sie wurde mit Hilfe der KS-Transformation erzielt, die von ihren Entdeckern, P. KUSTAANHEIMO und E. STIEFEL 1964 in die Himmelsmechanik eingeführt wurde. Die KS-Transformation bildet die Bewegung im dreidimensionalen x-Raum auf den vierdimensionalen u-Raum in der Weise ab, daß die Bewegungsgleichungen in den u-Variablen und der neuen, unabhängigen Variablen s regulär und linear werden.

Erst nach Durchführung dieser Transformation werden nun die reine KEPLERbewegung, die gestörte Bewegung und Stabilitätsfragen behandelt. Zwei weitere Kapitel befassen sich mit einigen typischen Störungen, die bei Satellitenbahnen von besonderer Bedeutung sind, und mit numerischen Methoden und Gesichtspunkten. Trotz dieser ungewöhnlichen, aber sehr übersichtlichen Darstellungsweise werden diejenigen Leser, die in der kanonischen Formulierung der Bewegungsgleichungen die Krönung der Himmelsmechanik erblicken, nicht enttäuscht. Im zweiten Teil des Buches wird gezeigt, wie sich durch eine Erweiterung der kanonischen Theorie auch die KS-Transformation kanonisch formulieren läßt. Ein Kapitel über geometrische Aspekte beschließt das Buch. Auf andere, zur Himmelsmechanik gehörige Teilgebiete, wie etwa Mondtheorie, allgemeines Dreikörperproblem, Bahnbestimmung etc. gehen die Autoren nicht ein. Es war ihnen nicht daran gelegen, ein neues, umfassendes Lehrbuch der Himmelsmechanik zu schreiben, sondern an der Erweiterung unserer Kenntnisse im speziellen Bereich der Regularisierung und Linearisierung, wobei freilich zu hoffen ist, daß diese neuen, im vorliegenden Buch zusammengefaßten Erkenntnisse künftig auch andere, aus der Praxis kommende Probleme innerhalb und außerhalb der Himmelsmechanik befruchten werden.

Neugilching M. C. ECKSTEIN

G. D. Smith, Numerische Lösung von partiellen Differentialgleichungen. 246 S. m 45 Abb. u. 35 Tab. Berlin 1971. Akademie-Verlag. Preis brosch. 15,– M.

Das vorliegende Buch (übersetzt aus dem Englischen) wendet sich gemäß Vorwort an Studenten der Mathematik, Physik und Ingenieurwissenschaften, die sich ohne irgendwelche Vorkenntnisse der Numerischen Mathematik mit der numerischen Behandlung linearer partieller Differentialgleichungen durch Differenzenmethoden befassen wollen. Diese Ausgangs-Situation wird allerdings bei den Ausbildungssystemen im deutschen Sprachraum nur selten anzutreffen sein. Die auf Grund des angesprochenen Leserkreises vom Verfasser erstrebte Abgeschlossenheit des Buches zwingt ihn, auch Hilfsmittel aus anderen Teilen der Numerischen Mathematik (z. B. Untersuchung der Konvergenz der Iteration in Einzelschritten bei linearen Gleichungssystemen) ausführlich darzustellen. Der hierdurch nur beschränkt für das eigentliche Thema des Buches zur Verfügung stehende Raum wird zu einer leichtfaßlichen und durch zahlreiche erläuternde Beispiele ergänzten Darstellung der grundlegendsten Begriffe und Tatbestände bei der numerischen Behandlung linearer partieller Differentialgleichungen durch Differenzenverfahren genutzt. Andererseits bleiben so wichtige Zusammenhänge wie der zwischen Konvergenz und numerischer Stabilität praktisch unerwähnt, obwohl beide Begriffe behandelt werden.

Hamburg R. ANSORGE

W. Pauer und H. Munser, Grundlagen der Kraft- und Wärmewirtschaft. (Grundlagen der Kraft- und Wärmewirtschaft, Band 20). X + 318 S. m. 109 Abb. Dresden 1970. Verlag Theodor Steinkopff. Preis geb. 32,50 M.

Der vorliegende Titel ist das Ergebnis einer teilweisen Überarbeitung und Ergänzung der von W. PAUER bereits in zwei Auflagen in der gleichen Sammlung erschienenen „Einführung in die Kraft- und Wärmewirtschaft". Dabei wurde die bewährte Grundkonzeption des Buches beibehalten, d. h. die Gliederung des Stoffes in die 6 Hauptabschnitte — Energiewirtschaftliche Grundbegriffe — Energiequellen — Wärmewirtschaftliche Entwicklung der Dampfkraftanlagen — Koppelprozesse — Energiespeicherung — Wirtschaftliche Dampfverwendung. Überarbeitungen erfolgten vor allem im 1. und 3. Abschnitt. So wurde die Einleitung in das Stoffgebiet völlig neu geschrieben, den Fragen der Kostenbildung auf der Grundlage der von HILDEBRAND und SCHELLENBERG vorgeschlagenen Aufwandsrechnung für die einfache und erweiterte Reproduktion ein wesentlich breiterer Raum eingeräumt und die zur Erläuterung dienenden Einzelbeispiele neu zusammengestellt und ergänzt. Im Abschnitt 3 wurden die thermodynamischen Grundlagen des Regenerativprozesses sowie der Zwischenüberhitzung ausführlicher behandelt bzw. neu aufgenommen. Erwähnenswert ist außerdem noch die kurze zusätzliche Darstellung der exergetischen Bewertungsmethodik bei der Wärmekraftkopplung, wodurch die Berechnung der Koppelprozesse im 4. Abschnitt inhaltlich eine geschickte Abrundung fand.

Das PAUERsche Lehrbuch gehört nach wie vor auf Grund der besonderen Stoffauswahl und der didaktisch ausgezeichneten Darstellung zu den gefragten Standardtiteln des Fachgebietes (siehe hierzu auch die Besprechung der zweiten Auflage im Band **45**, S. 66 (1965), dieser Zeitschrift.).

Dresden N. ELSNER

C. Forsythe and C. B. Moler, Computer Solution of Linear Algebraic Systems. (Series in Automatic Computation) XI+148 S. Englewood Cliffs, N.J. 1967. Prentice-Hall, Inc. Preis geb. 54 s. net.

Die numerische Behandlung einer großen Anzahl von mathematischen, technischen, ökonomischen u. a. Problemen führt irgendwann — exakt oder approximativ — auf Fragestellungen der linearen Algebra. Die Schwerpunkte dieser Disziplin, einschl. der numerischen Aspekte, galten bereits vor längerer Zeit als umfassend bearbeitet. Erst als durch den Einsatz großer Rechenanlagen der Umfang der zu behandelnden Probleme stark anstieg, traten neue Fragen in den Vordergrund: Kondition, Scalierung, Pivotisierung, Fehlerfortpflanzung u. a. m. In dem vorliegenden Buch werden die dazu in den letzten zehn Jahren erhaltenen Ergebnisse zu Fragen der Auflösung linearer Gleichungssysteme und der Berechnung inverser Matrizen zusammengefaßt. Dabei steht im Vordergrund die Behandlung dicht besetzter elementweise gespeicherter Matrizen. Das dafür entwickelte Programm des GAUSSschen Algorithmus mit Spaltenpivotisierung ist, mit leichten Abwandlungen, in ALGOL 60, ASA FORTRAN und PL/I angegeben. Die Fehleranalyse (für Gleitkommarechnung) folgt den Gedanken von WILKINSON.

Die Darstellung der Materie ist erfreulich klar und präzise. (Eine Eigenschaft, die leider nicht allen Büchern dieses Genres bescheinigt werden kann.) Die Auswahl des Stoffes wendet sich vor allem an Studenten und Fachleute anderer Disziplinen, die begründete Angaben über Auswahl, Arbeitsweise und Eigenschaften von Verfahren zur Lösung der o. g. Aufgaben suchen.

Dresden J. UHLIG

E. Artin and J. Tate, Class Field Theory. XXVI + 259 S. New York/Amsterdam 1967. W. A. Benjamin, Inc. Preis brosch. $ 3.95.

In diesem Buch wird der größte Teil des ARTIN-TATE Seminars über Klassenkörpertheorie (Princeton Universität 1951/52) dargestellt. Es fehlen hier die ersten vier Kapitel des Seminars über die Kohomologietheorie von Gruppen, Grundlagen der algebraischen Zahlentheorie und der lokalen Klassenkörpertheorie. Es beginnt daher gleich mit der globalen Klassenkörpertheorie (Kapitel 5—12). Dieser Teil wurde jedoch gegenüber dem Seminar wesentlich überarbeitet. Es wurde die Weiterentwicklung der Kohomologietheorie der endlichen Gruppen berücksichtigt, die sich aus dem Seminar ergab. Damit wird dem kohomologischen Aspekt Rechnung getragen, der von J. TATE auf dem Amsterdamer Kongreß 1954 entwickelt worden ist. Der Zusammenhang zwischen der globalen und lokalen Theorie wird im Kapitel 10 durch den Satz von GRUNWALD-WANG gegeben.

In den letzten drei Abschnitten wurden die abstrakte Theorie der Klassenformationen und WEIL-Gruppen dargelegt.

Halle W. VOGEL

J.-P. Serre, Abelian l-Adic Representations and Elliptic Curves. New York/Amsterdam 1968. W. A. Benjamin, Inc. Preis brosch. $ 3.95.

In diesem Buch wird eine Vorlesungsreihe des Verf. an der McGill Universität, Montreal 1967, wiedergegeben. Die l-adischen Darstellungen sind das algebraische Analogon zu den lokal konstanten Garben in der Topologie. Sie wurden zuerst von Y. TANIYAMA (J. Math. Soc. Japan **9**, 1957, 330 bis 366; MR 20 1967) eingeführt und studiert. Im Vordergrund stehen hier die abelschen Darstellungen mit Anwendungen auf elliptische Kurven. In mehreren Anhängen werden auch neue Resultate dargelegt, insbesondere für die lokal algebraischen Darstellungen und ihr Zusammenhang mit den HODGE-TATE Moduln, d. h. eine Charakterisierung einer lokal algebraischen Darstellung durch die Struktur des zugehörigen GALOIS-Moduls. Ferner führen die Untersuchungen über gewisse GALOISgruppen von elliptischen Kurven zu neuen Ergebnissen.

Halle W. VOGEL

B. W. Gnedenko, J. K. Beljajew und A. D. Solowjew, Mathematische Methoden der Zuverlässigkeitstheorie II. (Math. Lehrb. u. Monographien, Band XXII). 262 S. m. 60 Abb. u. 39 Tab. Berlin 1968, Akademie-Verlag Preis geb. 28,— M.

Im Teil II der Monographie der bekannten sowjetischen Autoren stehen Untersuchnngsmethoden der Mathematischen Statistik im Vordergrund. Er umfaßt drei Kapitel der sowjetischen Originalausgabe, sowie den reichhaltigen Anhang mit wertvollen Tafeln und Tabellen. Je ein Kapitel ist der Schätzung der Zuverlässigkeitscharakteristika und der Prüfung von statistischen Hypothesen auf Grund von Versuchsergebnissen gewidmet. Dabei finden vorwiegend bekannte klassische Methoden der Mathematischen Statistik Anwendung; jedoch läßt der spezifische Gesichtspunkt der Anwendung auf Probleme der Zuverlässigkeitstheorie auch wichtige Aspekte der Statistik zufälliger Prozesse anklingen. Besonders eingehend sind die Schätzungen und Tests hinsichtlich der Exponentialverteilung und ihres Parameters als einer in der Zuverlässigkeitstheorie grundlegenden Verteilung dargelegt. Neben Punktschätzungen werden Konfidenzschätzungen — und dies besonders auch im Falle mehrerer Parameter — behandelt. In der Testtheorie finden nichtparametrige und sequentielle Methoden Berücksichtigung.

Recht organisch ist das letzte Kapitel, welches über die eigentliche Zuverlässigkeitstheorie hinausführt und der Qualitätskontrolle in der Massenproduktion gewidmet ist, in den Problemkreis der Monographie einbezogen. Dabei werden einfache, zweifache und sequentielle Kontrollpläne für ein qualitatives Merkmal behandelt, und es wird auf die wichtigsten Standards eingegangen. Eine wesentliche Bereicherung gegenüber der üblichen Literatur auf diesem Gebiet stellt der Problemkreis der erwartungstreuen Schätzungen bei verschiedenen Kontrollplänen dar.

Wie bereits Teil I, so stellt auch dieser Teil II der deutschen Ausgabe ein hervorragendes Lehrbuch der angewandten Mathematik dar. Kennzeichnend sind die weitgehende Berücksichtigung ingenieurtechnischer Gesichtspunkte und ihre Verbindung mit mathematisch strengen und anspruchsvollen modernen Methoden, die verständlich und in Verbindung mit zahlreichen interessanten Beispielen dargestellt werden. So kann diese Monographie unter den eigentlichen Kreis derjenigen hinaus, die unmittelbar auf dem Gebiet der Zuverlässigkeitstheorie tätig sind, allen mathematisch interessierten Naturwissenschaftlern und Ingenieuren — und natürlich auch dem Mathematiker selbst — sehr empfohlen werden.

Dresden W. WINKLER

Theory of Thin Shells. IUTAM Symposium Copenhagen 1967. September 5—9. Editor: F. I. Niordson. English VIII + 388 S. m. 86 Fig. Berlin/Heidelberg/New York 1969. Springer-Verlag. Preis DM 88,—.

Der vorliegende Band enthält 23 Vorträge und Diskussionsbeiträge, die auf einem IUTAM-Symposium 1967 gehalten wurden. Das Symposium hatte die Aufgabe, die wichtigsten seit 1959 erzielten Ergebnisse auf dem Gebiet der Theorie dünner Schalen und ihrer Anwendung vorzutragen und zu diskutieren. Die Teilnahme von 75 Experten aus 15 Ländern sicherte einen umfassenden Überblick auf hohem Niveau. Die Vorträge gliedern sich im wesentlichen in vier Teilgebiete.

Die Untersuchungen zu den Grundlagen der Schalentheorie nehmen mit fast der Hälfte aller Beiträge einen erstaunlich breiten Raum ein. Sie widmen sich im wesentlichen methodologischen Fragen der Reduktion der dreidimensionalen Grundgleichungen auf allgemeine zweidimensionale Schalengleichungen. Diese Tatsache scheint den Standpunkt von A. L. GOLDENWEIZER zu erhärten, daß verschiedene Problemgruppen mit verschiedenen Theorien gelöst werden müssen.

Mehrere Arbeiten befassen sich mit dem Krafteinleitungsproblem in Schalen. Die Berücksichtigung der Spannungsumlagerungen durch plastische Dehnungen und finite Deformationen erscheint unabdingbar.

Beulprobleme werden bei unversteiften und versteiften Schalen unter verschiedenen Lasten und bei geometrischen Imperfektionen behandelt. Die Mehrzahl der Autoren hat ihre Ergebnisse experimentell gesichert.

Die Untersuchungen von nichtlinearen Schalenverhalten beschränken sich auf Rotationsschalen, geben aber sehr interessante Einblicke in die dabei auftetenden Probleme. Auch hier werden die geometrischen Nichtlinearitäten berücksichtigt.

Das vorliegende Buch gibt einen guten Überblick über den Stand der Schalentheorie und die Arbeitsrichtungen der in der Welt führenden Wissenschaftler. Besonders zu begrüßen ist die Aufnahme der Diskussionsbeiträge, die die offenen Probleme gut erkennen lassen. Dem Referenten erscheint bemerkenswert, daß ausschließlich analytische Lösungsmethoden vorgetragen werden und keine von vornherein auf den Einsatz von Datenverarbeitungsanlagen zugeschnittenen. Das Studium des Buches ist allen zu empfehlen, die sich mit der Untersuchung von Flächentragwerken beschäftigen.

Dresden O. HERRLICH

W. Jentsch, Digitale Simulation kontinuierlicher Systeme. 414 S. m. 129 Abb., 1 Tafelanhang. München/Wien 1969. R. Oldenbourg Verlag. Preis geb. DM 68,—.

Mit der Bereitstellung leistungsfähiger Digitalrechner erlangte die digitale Simulation als ein Hilfsmittel zur Vorausberechnung möglicher Ereignisse selbständige Bedeutung. Entsprechend dem Titel des Buches beschränken sich die Ausführungen auf Probleme, bei denen die unabhängigen Variablen kontinuierliche Größen darstellen, und konzentrieren sich auf die numerische Lösung von nichtlinearen gewöhnlichen Differentialgleichungssystemen mit Retardierung (Totzeit). Die Möglichkeit der blockweisen Programmierung bringt dabei die Eigenständigkeit der digitalen Simulation gegenüber den Methoden der numerischen Mathematik zum Ausdruck. Davon ausgehend, zerfallen die Betrachtungen in drei große Teile. Zunächst wird ausführlich eine Übersicht über die Verfahren zur numerischen Integration gegeben. Hervorzuheben ist hier die übersichtliche Darstellung der Eigenschaften der einzelnen Methoden im Hinblick auf ihren Einsatz in einem Simulationsverfahren. Den zweiten Schwerpunkt bildet die Behandlung allgemeiner Fragen der digitalen Simulation. Dieser Abschnitt erscheint im Vergleich zum vorhergehenden etwas zu kurz. Beispielsweise betrifft das Problem des Abgleichs am Summationspunkt einer Rückkopplungsschleife bei blockweiser Programmierung. Als drittes schließt sich ein Kapitel über digitale Simulationssysteme an, in dem zunächst prinzipielle Fragen behandelt und anschließend vorhandene Simulationssysteme erläutert und miteinander verglichen werden. Zum Schluß folgen in klarer Form sechs Anwendungsbeispiele.

Das Buch ist die erste zusammenfassende Darstellung der digitalen Simulation in deutscher Sprache. Sie ist gut lesbar und eignet sich sowohl für Studierende naturwissenschaftlicher und technischer Fachrichtungen als auch für den in der Praxis tätigen Ingenieur.

Dresden K. Küssner

Die besprochenen und angezeigten Bücher sind durch den Buchhandel zu beziehen.

EINGEGANGENE BÜCHER

Bei der Schriftleitung sind folgende Bücher eingegangen (ausführliche Besprechung bleibt vorbehalten).

S. MacLane, Kategorien. Übers. a. d. Engl. VIII + 295 S. Berlin/Heidelberg/New York 1972. Springer-Verlag. Preis brosch. DM 34,—.

N. Gastinel, Lineare numerische Analysis. 359 S. m. 38 Abb. Berlin 1972. VEB Deutscher Verlag der Wissenschaften. Preis geb. 42,— M.

Statistical Models and Turbulence. Proceedings of a Symposium held at the University of California, San Diego (La Jolla) July 15—21, 171 (Lecture Notes in Physics, Vol. 12). VIII + 492 S. m. 129 Fig. Berlin/Heidelberg/ New York 1972. Springer-Verlag. Preis brosch. DM 28, —

W. Schwarz, Analogprogrammierung. (Mathematik für Ingenieure). 518 S. m. 364 Bildern, 25 Tafeln, 13 Tab., 120 Beispielen, 172 Aufg. m. Lösungen. Leipzig 1971. VEB Fachbuchverlag. Preis geb. 28,— M.

C. Miranda, Partial Differential Equations of Elliptic Type. Band 2. (Ergebnisse der Mathematik und ihrer Grenzgebiete, Vol. 2). XII + 370 S. Berlin/Heidelberg/ New York 1970. Springer-Verlag. Preis geb. DM 58,—.

H.-J. Zimmermann, Netzplantechnik. (Sammlung Göschen, Band 4011). 156 S. m. 83 Abb. Berlin/New York 1971. Walter de Gruyter & Co. Preis brosch. DM 7,80.

G. Neuvians. Dynamische Bestands- und Produktionsplanung. (Reihe Operations Research, Hsg. H. J. Zimmermann) 123 S. m. Abb. Berlin/New York 1971. Walter de Gruyter & Co. Preis geb. DM 44,—.

W. Tutschke, Grundlagen der reellen Analysis. I. Differentialrechnung: 205 S. m. 86 Abb. Preis brosch. 12,80 M. II. Integralrechnung: 161 S. m. 51 Abb. Preis brosch. 10,80 M. Berlin 1972. VEB Deutscher Verlag der Wissenschaften.

Dieter Klaua, Elementare Axiome der Mengenlehre. (WTB, Bd. 81). 124 S. Berlin/Oxford/Braunschweig 1971. Akademie-Verlag/Pergamon Press/Vieweg & Sohn. Preis brosch. 8,— M.

H. Ehrig u. **M. Pfender,** Kategorien und Automaten. 170 S. m. Abb. Berlin/New York 1972. Walter de Gryter & Co. Preis brosch. DM 24,—.

Hsg. **W. Dück** u. **M. Bliefernich,** Operationsforschung. 2. Mathematische Grundlagen, Methoden und Modelle. 491 S. m. 57 Abb. u. 65 Tab. Berlin 1971. VEB Deutscher Verlag der Wissenschaften. Preis geb. 26,— M.

Horst Sachs, Einführung in die Theorie der endlichen Graphen. 182 S. m. 108 Abb. München 1971. Carl Hanser Verlag. Preis brosch. DM 18,—.

W. Flügge, Tensor Analysis and Continuum Mechanics. VII + 207 S. m. 58 Fig. Berlin/Heidelberg/New York 1972. Springer-Verlag. Preis geb. DM 48,—.

Hsg. **H. Blenk** u. **W. Schulz,** DGLR-Jahrbuch 1970. 312 S. m. 209 Abb. Braunschweig 1971. Friedr. Vieweg + Sohn. Preis geb. DM 36,—.

W. Rupprecht, Netzwerksynthese. Hochschultext. X + 381 S. m. 213 Abb. Berlin/Heidelberg/New York 1972. Springer-Verlag. Preis brosch. DM 39,60.

G. König und **M. Heinisch,** Zur statitistischen Sicherheitstheorie im Stahlbetonbau. (Heft 16 d. Mitteilungen a. d. Inst. f. Massivbau d. TH Darmstadt). 46 S. m. Abb. Berlin/München/Düsseldorf 1972. Verlag Wilhelm Ernst & Sohn.

Bestellungen sind an das zuständige Postamt oder eine Buchhandlung zu richten, Bestellungen aus dem Ausland an die Firma „Deutscher Buchexport und -import GmbH", Leipzig, Postschließfach 276, oder direkt an den Akademie-Verlag GmbH, 108 Berlin 8, Leipziger Str. 3—4

Herausgeber und Hauptschriftleiter: Prof. Dr.-Ing. habil. Dr. techn. h. c. H. Heinrich, 8027 Dresden, Friedrich-Hegel-Str. 31. Verlag: Akademie-Verlag GmbH, 108 Berlin, Leipziger Straße 3—4; Fernsprecher: 220441, Telex-Nr. 112020, Postscheckkonto: Berlin 35021. Bestellnummer dieses Heftes: 1009/52/7. Die Zeitschrift für Angewandte Mathematik und Mechanik erscheint jährlich mit 12 Heften, einschließlich zwei Tagungsheften. Bezugspreis: vierteljährlich M 54,—, jährlich M 216,—. Der Einzelpreis der Tagungshefte beträgt außerhalb des Jahresabonnements M 50,— pro Heft. Veröffentlicht unter Lizenznummer 1282 des Presseamtes beim Vorsitzenden des Ministerrates der Deutschen Demokratischen Republik.
Gesamtherstellung: VEB Druckerei „Thomas Müntzer", 582 Bad Langensalza.
Printed in the German Democratic Republic.